AF474045

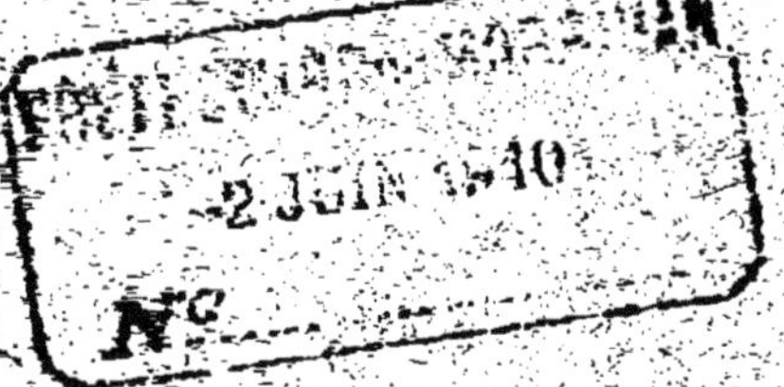

L. VILLAIN
VÉTÉRINAIRE DÉLÉGUÉ
DU SERVICE SANITAIRE DE PARIS

Animaux & Viandes de Boucherie

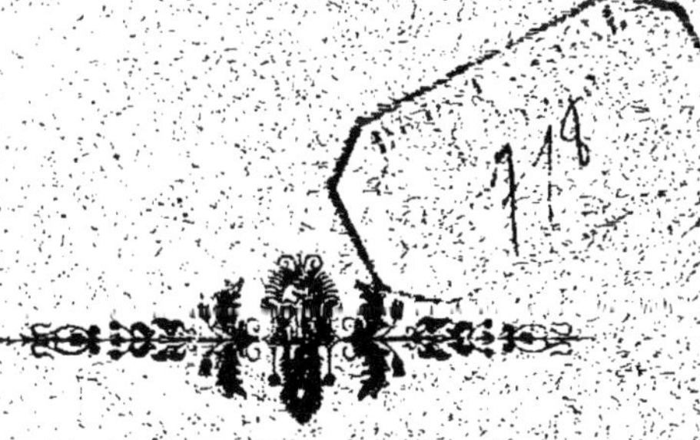

PARIS
L. FOURNIER, ÉDITEUR-MILITAIRE
264, boulevard Saint-Germain, 264
(En face du Ministère de la Guerre)

ANIMAUX ET VIANDES DE BOUCHERIE

Animaux & Viandes de Boucherie

Abatage. — Qualités et catégories des viandes. — Issues. — Parallèle entre la viande saine et la viande malade.

Conférences données à l'abattoir de Vaugirard et à l'abattoir hippophagique Brancion

PAR

L. VILLAIN

VÉTÉRINAIRE DÉLÉGUÉ DU SERVICE SANITAIRE DE PARIS

PARIS

L. FOURNIER, EDITEUR-MILITAIRE

264, boulevard Saint-Germain, 264

(En face du Ministère de la Guerre)

PRÉFACE

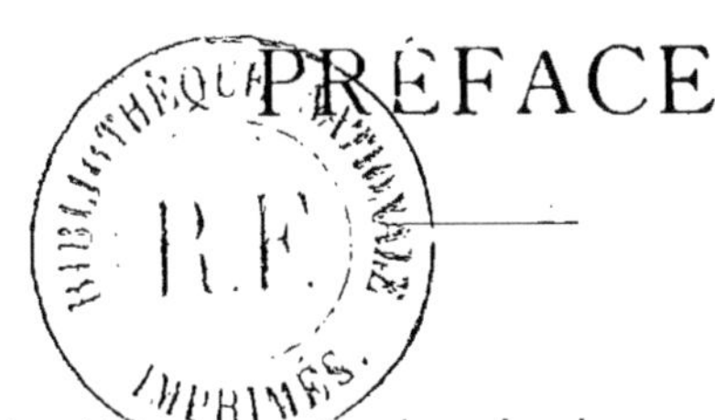

Les Conférences que je réunis, aujourd'hui, en brochure, ont eu lieu à l'abattoir de Vaugirard. Elles ont été faites en présence des Médecins et des Vétérinaires militaires du gouvernement de Paris, des Officiers stagiaires de l'Intendance, des Médecins militaires du cours de perfectionnement, des Élèves stagiaires du Val de Grâce, des Officiers d'administration et des corps de troupe.

Elles ont porté : 1° sur l'âge et la race des animaux, leur degré d'engraissement, leur rendement en viande nette d'après l'examen des maniements et l'étude des mensurations du corps ; 2° sur l'abatage des animaux, les issues et les produits accessoires de la boucherie ; 3° sur la distinction des sexes à l'étal, les qualités et les catégories des viandes ; 4° sur les vaches en état de gestation, fraîches vêlées, en lait au point de vue de la boucherie ; 5° sur l'interprétation d'un cahier des charges en présence d'une viande donnée ; 6° sur la viande de cheval.

Je dédie ces conférences pratiques à mes distingués auditeurs.

L. VILLAIN.

ANIMAUX
ET VIANDES DE BOUCHERIE

CHAPITRE I

Les Viandes de Boucherie [1]

Conférences faites aux officiers stagiaires de l'Intendance (2)

SOMMAIRE. — Caractères distinctifs des viandes de boucherie. — Races d'animaux de boucherie ; leur appréciation au point de vue de la viande. — Qualités et catégories des viandes. — Age, maniments et rendement des animaux de boucherie. — Parallèle entre la viande saine et la viande malade. — Abatage. — Soufflage des viandes. — Issues. — Produits accessoires de la boucherie.

Les viandes de boucherie sont fournies par les animaux de l'espèce bovine, c'est-à-dire le taureau, le bœuf, la vache et le veau ; par les ovins divisés en bélier, brebis et mouton châtré ; par la chèvre ; par le porc qui comprend le verrat, la truie et le porc châtré dans les deux sexes ; enfin, par les solipèdes domestiques : le cheval, l'âne et le mulet. Je laisse de côté le

(1) Quelques figures insérées dans cette étude sont tirées du *Précis de l'inspection des Viandes*, de Pautet, édité par MM. Asselin et Houzeau, place de l'Ecole-de-Médecine, à Paris, qui ont bien voulu nous autoriser à les reproduire. Les autres sont extraites de l'hygiène de la viande et du lait de H. Martel. Nous adressons à ces messieurs tous nos remerciements.

(2) *Revue d'Intendance* du mois d'octobre 1908.

chien qui n'est consommé que dans certaines villes industrielles de la Saxe.

Taureau. — Le taureau est le reproducteur. Une fois dépouillé, le taureau, comparé au bœuf, se présente à première vue avec un aspect plus massif, plus rebondi, parce que plus fort et plus vigoureux. Ses muscles sont volumineux, saillants par place, ses aponévroses et ses tendons offrent une plus grande épaisseur et les reflets brillants de la nacre, principalement sur certaines coupes transversales des muscles de l'encolure, des gîtes, des jambes et de beaucoup d'autres régions. La graisse n'a pas cette belle couleur qui plaît tant aux yeux ; elle est plus blanche, moins onctueuse, répartie inégalement sur la surface extérieure du corps. Cette blancheur qu'on lui a attribuée jadis n'existe presque plus de nos jours ; elle a fait place à des tons divers empruntés à la graisse des bœufs les meilleurs, déjouant ainsi à distance la sagacité de certains acheteurs.

Le rachis, fendu longitudalement, accuse des vertèbres larges, épaisses, d'un tissu dense, de couleur d'un rose violacé par place, à cassures assez irrégulières, comme celle d'un roc très dur. Détaillant ensuite les régions, le collier apparaît large, énorme, dépourvu de graisse de couverture ; les gîtes de devant et de derrière semblent de volume bien supérieur à ceux du bœuf. Il en est de même pour la cuisse toute ronde en son pourtour. L'aloyau, le rumsteck et l'épaule sont chargés d'épaisse viande dont la couleur offre des caractères distinctifs qui ne sont pas à dédaigner. En effet, si l'on examine à distance une coupe de viande de taureau prise soit au rumsteck, au train de côtés ou à la poitrine, on constate que sa teinte est plus foncée que celle de vache et qu'elle devient, après exposition à l'air, plus rutilante, d'une couleur vermeille avec des îlots de graisse mal distribués, qui ont peu de tendance à s'infiltrer dans l'épaisseur des muscles. On a devant soi des surfaces d'un rouge uniforme, à chairs compactes faisant presque saillie au dehors avec çà et là quelques courtes traînées de graisse formant taches.

Depuis qu'on se livre à l'élevage du taureau de boucherie, je dois ajouter qu'il n'est pas rare de rencontrer des animaux jeunes, engraissés à point, offrant au dépeçage des viandes si bien persillées que les fins connaisseurs, les bouchers eux-mêmes, sont trompés dans leurs achats. Il n'y a nul regret, dans ces conditions, à laisser entrer de pareilles viandes dans une fourniture par adjudication au même titre que si c'était de bonne chair de bœuf, à moins, toutefois, de stipulations contraires du cahier.

Un signe d'une réelle importance existe encore pour nous guider dans cet examen, c'est le grain de viande formé par les faisceaux musculaires ; il se traduit, après une incision transversale, par de petits cubes plus ou moins volumineux, plus ou moins saillants, perçus assez bien au passage de la pulpe des doigts sur une coupe fraîchement faite. Le grain est grossier, rugueux chez le taureau et n'a pas la finesse qu'on trouve chez nos bons bœufs de boucherie. Les morceaux de viande exposés en vente ont des coupes un peu sèches dont les reflets par un jeu de lumière oblique sont souvent irisés et d'aspect métallique. La fibre musculaire est toujours moins humide que celle du bœuf. Il est, enfin, un caractère anatomique qui permet de juger, sur la cuisse seulement, si l'animal n'est pas châtré. A l'extrémité de la symphyse du pubis qui est forte, large, avec une tubérosité volumineuse se voit, comme un point sur un I, la section transversale de la verge et du muscle ischio-caverneux, pratiquée au moment de la division de l'animal en deux parties égales. Chez le taureau, ces sections sont larges, saillantes, visibles au loin ; elles sont au contraire atrophiées par la castration ancienne sur la cuisse de bœuf

Le taureau, il faut le dire hautement, n'est plus ce qu'il était autrefois. Tué de meilleure heure, à trois ans à peine, il donne, aujourd'hui, à l'étal, une chair moins ferme et plus sapide, chair qui alimente les tables des lycées, des pensionnats, des restaurants populaires, sur lesquelles il faut placer des portions assez grosses, dépourvues totalement de graisse, telles que la jeunesse l'exige à présent. Partout enfin où l'ajudication vient en aide à des maisons d'éducation ou à des restaurants populaires, l'intérêt est de fournir des viandes charnues, sans graisse, provenant de sujets de gros poids. de jeunes taureaux notamment. Les muscles de taureau éprouvent une moins grande déperdition de poids à la cuisson et, comme ils sont très épais, ils permettent de présenter des tranches volumineuses qui font bien sur l'assiette sinon sous la dent des pensionnaires.

Vache. — La vache donne un veau chaque année, du lait tous les jours et souvent du travail forcé toute son existence, comme dans le Limousin. Elle est donc un peu dépréciée, surtout lorsqu'on la sacrifie à un âge avancé, pleine encore, car, pour calmer l'instinct génésique et favoriser l'engraissement, on l'a conduite une dernière fois au mâle, 4 à 5 mois avant son envoi à l'abattoir.

Dans certaines contrées, en Normandie, en Picardie, à Paris même, chez les laitiers nourrisseurs, la vache est plus favorisée, car elle ne travaille pas. Elle est également dirigée sur l'abattoir de meilleure heure, à 7 ans au plus, au moment où elle peut s'engraisser et nous fournir une chair exquise, grasse parfois, qui fait l'ornement de bien des tables de province, le dimanche à l'heure de la soupe.

La viande des femelles domestiques a de tout temps été dépréciée dans l'alimentation. Exception est faite cependant à l'égard des génisses, des vaches très jeunes, des truies châtrées dès le jeune âge, et des brebis d'un an, dont les chairs peuvent, dans un engraissement parfait, être classées dans la première qualité. Certains cahiers pour la fourniture des viandes inscrivent encore dans leurs clauses le refus de la brebis et de la vache. Au concours des animaux gras de boucherie, les vaches primées, bien que jeunes et engraissées supérieurement, sont achetées à des prix inférieurs, et l'étiquette, ou plutôt la médaille relatant leur sexe et leur race, ne figure jamais à l'étalage de l'acheteur. On ne veut pas dire qu'on vend de la vache, et le public, à son tour, n'aime pas savoir qu'il mange de la vache. Serait-ce le souvenir d'avoir connu la vache enragée? Nul ne le sait. Toujours est-il qu'un boucher ne dit point, à Paris, qu'il vend de la vache pas plus que du taureau. Et cependant on mange beaucoup de vaches en France, surtout dans les départements du Centre.

La viande de vache, de génisse, entendons-nous, est meilleure que celle du bœuf. C'est aujourd'hui un fait bien prouvé que si nous établissons la comparaison entre deux animaux de même âge, d'égale précocité, elle sera tout à l'avantage de la femelle, dont la viande a le grain plus fin.

Plusieurs municipalités ont des règlements qui prescrivent encore la marque des viandes non seulement par qualités, mais aussi par différence de sexe à l'étal.

Cette division, qui est souvent, pour la première partie, arbitraire, ne peut se défendre à mon avis, que si elle est exigée et pour le pain et pour les autres aliments aux qualités si diverses. Notre rôle d'hygiéniste doit s'arrêter à la reconnaissance simplement de la salubrité de la viande, à moins cependant d'expertises déterminées en vue d'interprétation d'un contrat.

La vache sacrifiée se différencie principalement par son propre poids. C'est un fait connu que les femelles bovines sont bien moins fortes que les mâles, châtrés ou non, de même race : témoin, les vaches du Limousin, de l'Auvergne, de la Nièvre, de l'Allier. L'animal, examiné dans son ensemble, nous donnera donc un développement moins accentué de toutes les régions. Le collier sera aminci, l'épaule plate, l'aloyau moins chargé de viande et comme en creux sur le dos, fait qu'on pourra contrôler par une coupe transversale de l'ilio-spinal. La cuisse émaciée formera sur le gîte à la noix une concavité dénotant un défaut de musculature, tandis que la graisse de couverture, toujours de faible épaisseur, parfois fortement colorée, deviendra plaquée sur les reins et les côtes pour manquer complètement au collier et aux cuisses. Passant en revue l'état des morceaux isolés coupés à l'avance, il sera très difficile sur des vaches jeunes, engraissées à point, par exemple, d'établir une distinction tranchée avec le bœuf.

Les faits énoncés jusqu'ici sont vagues, imprécis ; ils tiennent à un je ne sais quoi difficile à analyser par écrit et que les hommes de métier savent apprécier — en se trompant souvent — dans leurs achats de pièces isolées. C'est ainsi qu'on dit la graisse de vache plus jaune et répartie en assez grande abondance dans l'intérieur de la cavité abdominale, autour des rognons. Sur des sujets maigres, la teinte jaune de la graisse

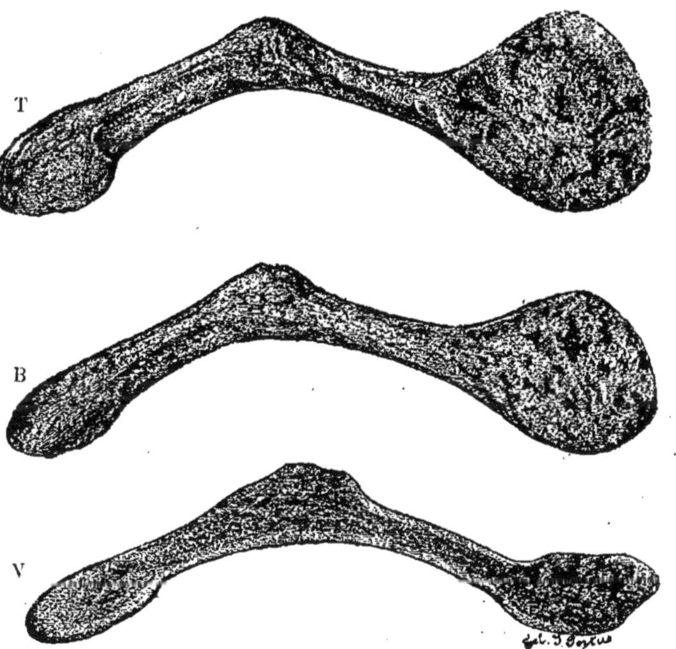

Fig. 1. — **Symphyses ischio-pubiennes.**

T. Taureau. — B. Bœuf. — V. Vache.

caractérise la vieillesse et l'usure: sur des animaux en chair, elle signifie au contraire l'alimentation dans les herbages. Les tendons et les aponévroses de contension musculaire passent aussi pour être de teinte plus jaune que chez le bœuf, la graisse, plutôt disposée par petites masses que filtrant en veines plus ou moins étendues et toujours assez abondante sur la surface externe du corps. La moins grande épaisseur de la colonne vertébrale, la cassure des vertèbres plus sèche et de teinte parfois ivoirine, sont aussi des indices qu'on peut immédiatement saisir sur une section longitudinale du rachis. La côte est dite également plus plate plus mince, moins large, bien que ces signes soient retrouvés sur certains bœufs maigres et grands travailleurs, et qu'ils soient absents sur les vaches *taurelières* ou *ribaudes*.

En dernière analyse, le regard jeté sur le plat de la cuisse fera connaître l'absence des attributs du mâle et à leur place une graisse lisse avec une excavation assez marquée faite par le boucher pour l'enlèvement des mamelles. Quelquefois même on retrouvera des traces de tissu mammaire accolé à ce qu'on appelle en boucherie les *dessous* de la bête, endroit préféré de la région inguinale où le commerce fait la reconnaissance des sexes. Enfin, la section de la symphyse pelvienne témoignera de son étroitesse et de sa minceur, surtout dans sa partie antérieure (Fig. I)

En résumé, s'il est facile de différencier la viande de vache de celle de bœuf, lorsqu'on a devant soi les quartiers de derrière, ou seulement les cuisses, il n'en est plus de même quand on doit caractériser isolément de faibles morceaux de viande ; la chose devient alors d'une grande difficulté, pour ne pas dire d'une impossibilité absolue

Bœuf. — Le bœuf, lui, est l'eunuque, le châtré, celui qu'on a préparé dès le jeune âge en vue de nous fournir une viande de choix, celui qu'on a engraissé dans de riches pâturages, ou qu'on a alimenté régulièrement à l'étable, dans le but d'obtenir des bœufs d'écurie ou d'hiver, à chair persillée, à graisse un peu blanche, faisant contraste avec la graisse d'un jaune foncé des animaux nourris l'été à l'herbe, graisse colorée par la chlorophile des plantes vertes.

Engraissement. — Le bœuf destiné à fournir comme résultat final une viande de boucherie est soumis à différents modes d'engraissement qui influent notablement sur sa valeur commerciale.

Les bœufs de la Normandie, du Charolais ou du Nivernais, de l'Auvergne et de la Vendée sont nourris dans les *embouches* où ils mangent l'herbe sur pied pendant toute la belle saison, ne rentrant à l'étable qu'à l'approche de l'hiver.

Les pâturages de la Basse-Normandie sont surtout renommés ; leur voisinage de la mer pour certains d'entre eux, les nombreux cours d'eau qui les sillonnent, leur climat humide et tempéré, influent particulièrement sur la qualité des herbes et contribuent à donner aux bœufs nourris près de cet air marin le *juteux* et le *savoureux* si recherchés des gourmets de viande de boucherie (PASCAULT).

Dans le Charolais, le Nivernais et surtout dans la vallée de Germigny (Cher), on trouve également de bons pâturages, un peu secs, produisant néanmoins des bœufs de haute réputation.

Le long du littoral de l'Océan, dans les contrées marécageuses de la Vendée et de la Charente-Inférieure, on élève des bœufs très osseux, connus sous le nom de *maraichins*. Les herbes qui constituent ces anciens marais desséchés sont très grossières ; elles nuisent à la finesse de la viande.

Dans certaines parties du Cholet, de même que dans la Gironde, les bœufs subissent l'engraissement de *pouture*, c'est-à-dire qu'ils restent en stabulation permanente pour manger des betteraves, des navets et du son pendant l'hiver, de l'avoine et du trèfle au printemps.

Le Limousin engraisse ses bœufs d'une manière mixte, tantôt au pâturage et tantôt à l'étable où ils reçoivent des fourrages secs et des racines.

En descendant plus bas dans le Midi, nous constatons que les bœufs sont élevés dans de moins bonnes conditions et qu'ils donnent plus de travail en échange d'une nourriture peu riche.

Vers le Nord, les animaux sont nourris avec des résidus variés : tels que pulpes de betteraves, drêches de bière et de distillerie, tourteaux, féverolles et farines. Avec cette alimentation variée, on obtient des animaux gras diversement appréciés du commerce. Les pulpes et les drêches produisent un engraissement défectueux. On dit, en effet, en parlant de ces bœufs, des *pulpiers*, des *sucriers*, des *fariniers*, termes de mépris rappelant leur origine. Les sucriers comprennent des sujets de toutes races, mais principalement les bœufs blancs engraissés dans les départements de l'Oise, Seine-et-Oise, Seine-et-Marne, Aisne, Marne et les Ardennes.

Race. — Appréciation. — La chair du bœuf élevé en plein air, dans un bon pâturage, suivant la méthode généralement adoptée dans les régions d'élevage en France, est supérieure à celle des animaux maintenus en état de stabulation à quelque race qu'ils appartiennent.

A ces données anciennes qu'on répète constamment comme des clichés justes, il est bon d'opposer les dires actuels des bouchers et des consommateurs qui veulent, eux, reconnaître comme bœuf supérieur en tout le bœuf *limousin* engraissé à l'étable, le type pur, à l'exclusion du *marchois* et du *dorachon*. Sa viande est la plus belle, la mieux persillée, la plus savoureuse et aussi la plus tendre ; elle prime toujours sur nos marchés. Celle du *normand* vient ensuite, pour laquelle nous trouvons des épithètes choisies concernant sa couleur, sa saveur et son jus ; et, enfin, le *nivernais* réputé pour sa parfaite conformation.

A côté des normands se placent les bœufs de la Mayenne et de la Sarthe, connus sous le nom de manceaux et les métis anglais de cette race. Ces animaux empruntent beaucoup les qualités des normands.

Si nous passons dans le Maine-et-Loire, les Deux-Sèvres, la Vendée, la Loire-Inférieure et la Charente-Inférieure, nous y trouvons les races choletaise, nantaise et maraîchine, qui fournissent chaque semaine, pendant toute la saison d'hiver, 2.500 bœufs au marché de Paris. Au point de vue commercial, ces animaux forment un trait d'union entre les normands et les limousins. Leur rendement en viande est considérable ; la chair, bien pénétrée de graisse, est très prisée. Nous laissons de côté les types engraissées dans les marais de la Vendée ; ils sont sans finesse et peu appréciés.

Dans les Côtes-du-Nord, le Finistère, l'Ille-et-Vilaine. il existe une petite race, la bretonne, dont la viande, presque l'égale du normand, est très recherchée de certaines boucheries.

L'Auvergne, renommée par ses beaux pâturages, entretient un nombreux bétail qui n'est nullement à dédaigner. La chair de ces bœufs, au pelage roux, est bien persillée et d'un goût exquis.

Les bœufs appelés garonnais, agenais, ont une ossature très développée et une chair d'apparence marbrée un peu moins délicate que celle du limousin.

Dans le département de la Creuse, nous rencontrons la race *marchoise*, modification de la race du Limousin. L'ensemble de ces animaux est bon, mais leur chair est dure, sans finesse par suite d'un travail excessif et trop prolongé.

Sous la dénomination de gascons on englobe les bœufs qui sont élevés dans le Tarn, l'Aude et l'Aveyron. Considérés encore aujourd'hui comme les meilleurs travailleurs, ces animaux sont moins appréciés comme bêtes de boucherie. Seul, le bœuf d'Aubrac, est assez estimé, dès l'instant qu'il est engraissé de bonne heure.

Sur les marchés de Lyon, on voit principalement les races comtoise, fémeline, tourache, avantageusement connues pour leur facilité d'engraissement. La viande que ces sujets fournissent est bonne et succulente.

Caractères distinctifs de la viande de bœuf. — Le bœuf se distingue du taureau par une conformation moins tranchée. Il tient le milieu entre la femelle et le mâle, dont j'ai décrit les caractères principaux, laissant forcément dans l'ombre ceux qui doivent être les siens par élimination directe.

La cuisse de bœuf a moins de rotondité, moins de proéminence, surtout du côté externe, que celle de taureau ; le collier et l'épaule sont aussi plus minces. On sent qu'on est en présence de l'animal type de boucherie modifié par la castration. Les muscles paraissent moins en relief que chez le taureau ; le tissu conjonctif est plus lâche et change peu la couleur des

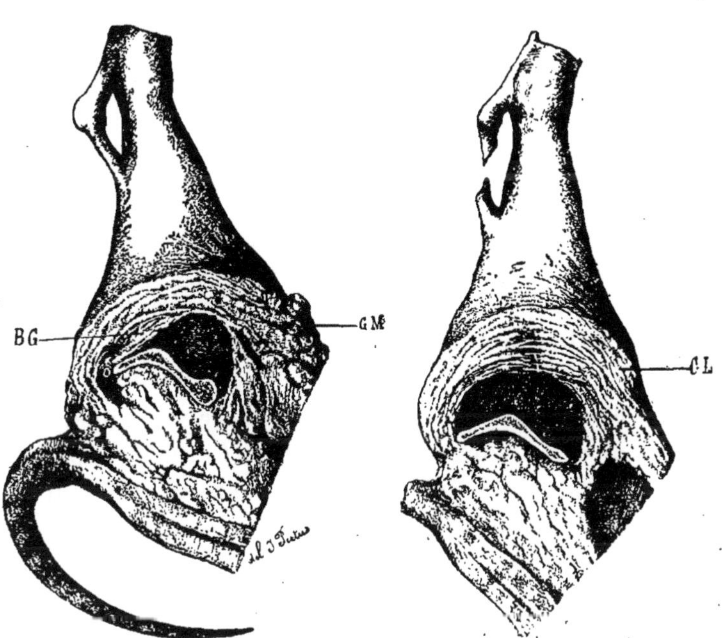

Fig. 2. — **Cuisse de Bœuf.**

Fig. 3. — **Cuisse de Vache.**

BG. Bride ou ligne graisseuse de la région crurale interne. — GM. Graisse mamelonnée.

GL. Graisse lisse.

muscles sous-jacents. La graisse de couleur variable, suivant la race, la nourriture et les saisons, est mieux répartie sur la surface extérieure du corps. Elle pénètre également davantage dans l'intérieur des tissus pour constituer sur la coupe d'un morceau d'entrecôte ce persillé aux fines arabesques si prisé des amateurs. C'est sur le bœuf de même que sur la vache qu'on voit la graisse de couverture bonne à manger acquérir des épaisseurs considérables formant, après refroidissement, des ondulations ou des rides plus ou moins nombreuses sur les côtes et des dépôts très appréciés le long de chaque apophyse épineuse des vertèbres dorsales. Le grain de viande est ici peu visible et aussi peu sensible au toucher en raison des faisceaux musculaires plus fins et plus entourés de graisse ; aussi la pulpe des doigts ne saisit-elle au passage qu'une sensation de velours légèrement humide. Cette description, on le conçoit, ne s'adresse nullement aux sujets trop jeunes qui manquent de graisse de couverture et de persillé, qui sont *verts* et dont le jus n'est pas présent à la coupe ; elle ne vise non plus les animaux maigres.

Le bœuf se reconnaît encore à la cuisse, à la pointe de l'ischium où, après la séparation des quartiers, on voit l'incision très nette de la verge et du muscle ischio-caverneux dont le développement a été arrêté par la castration précoce. Dans la région inguinale, à la place des testicules, il y a une graisse agglomérée, frisée, ondulée, caractéristique du mâle, qui fait contraste avec celle lisse et unie trouvée chez la femelle au même endroit (Fig. 2 et 3).

Veau. — Les *lettres patentes de 1782*, en vigueur à Paris, établissent que le veau doit avoir l'âge de six semaines pour pouvoir entrer dans la consommation.

Mais comment établir cette limite? J'avoue qu'il nous est difficile, une fois l'animal dépouillé, de savoir si sa chair est bonne à point; si, en un mot, elle est arrivée à la période réglementaire. Les signes que nous possédons et qui relèvent de l'expérience pure sont souvent insuffisants pour déterminer l'âge réel des animaux. On connaît ces caractères. Je les ai donnés en maintes circonstances. Les voici à nouveau.

Dans l'inspection de Paris, le veau est considéré comme trop jeune lorsqu'il se présente avec une chair flasque, gélatineuse principalement dans les cuisses ; une graisse peu abondante, grisâtre ou même bistrée, grenue et nullement onctueuse ; un rein toujours foncé en couleur, d'un brun verdâtre ou encore violacé ; des articulations volumineuses ; des côtes sternales flexibles et s'infléchissant à une simple pression de la main ; la moelle des os sans aucune consistance, boueuse et d'un rouge intense, semblable à la moelle fœtale ; enfin, lorsque existe le défaut d'adhérence des épiphyses.

Ces caractères nécropsiques ont été relevés sur des sujets de un à dix jours. J'avoue qu'ils font quelquefois défaut en tout ou en partie. Je reconnais aussi que des veaux âgés de 15 jours francs, certifiés par un contrôle certain, m'ont donné, au sujet de leur graisse et de leur chair, les signes d'une perfection presque accomplie. J'aurais certainement commis une erreur assez sérieuse s'il m'avait fallu prononcer un jugement sur leur âge (1).

(1) Les veaux sont sacrifiés à :

Quatorze jours : Electorat de Hesse-Cassel, 1832 ; royaume de Saxe, 1860 ; grand-duché de Bade, 1878 ; grand-duché de Hesse, 1880 ; canton de Zurich, 1882.

Seize jours : Canton de Neuchatel, 1850.

Dix-huit jours : Canton de Lucerne, 1889.

En France la consommation de la viande de veau joue un rôle très important parmi les populations des villes. Nos éleveurs excellent en effet à produire cette chair de luxe. A leur disposition se trouvent actuellement plus d'un million de sujets âgés de moins de six mois, qu'ils nourrissent ordinairement avec de grandes précautions dans le but d'en faire des animaux de plus en plus parfaits au point de vue de la boucherie.

En France, les veaux livrés à la boucherie pèsent en moyenne de 60 à 65 kilogrammes de viande nette. Ceux de la Charente atteignent le poids de 70 à 80 kilogrammes, ceux du Berry 60 kilogrammes, de la Touraine 65 kilogrammes, de la Normandie 85 à 95 kilogrammes, de la Bretagne 12 à 30 kilogrammes, de la Champagne 60 à 75 kilogrammes, de Seine-et-Marne, de l'Eure, de l'Eure-et-Loir, 70 kilogrammes. Ces trois derniers départements fournissent les meilleurs veaux de tout notre marché français. Dans le Midi, à Toulouse, Bordeaux, Agen, les veaux sont de gros poids, moins appréciés, à chair plus rouge.

Le veau est souvent atteint d'omphalophlébite et, conséquemment, d'arthrite suppurée, d'endocardite, de néphrite à macules blanches, séries d'affections secondaires caractérisant la pyohémie; il est encore frappé de pneumo-entérite septique, de péritonite par perfo-

Vingt jours : Canton de Fribourg, 1892 ; Haute-Alsace, 1884 ; Basse-Alsace, 1889.
Trois semaines : Autriche, ordonnance ministérielle 25 juin 1882.
Quatre semaines : Wurtemberg, 1879, Moravie, 1775.

En France, on trouve un âge minimum moins bas :

Quarante jours : Nice, 1869 ; Saint-Quentin, 1889.
Six semaines : Paris, 1879 ; Arras, 1884.
Cinquante jours : Nancy. 1884 ; Oran, 1886.
Soixante jours : Marseille et Draguignan 1789.

rations de la caillette, maladies graves communiquant sans nul doute à la viande des caractères nocifs. Il y a donc un intérêt majeur à surveiller attentivement les veaux à grosses articulations, comme on dit vulgairement, à arthrites suppurées, de même ceux dont les lésions de la plèvre, du péritoine ou des reins dénotent des affections graves du jeune âge.

Mouton. — Le mouton a la viande foncée et la graisse blanche, ferme, répandue en couverture et autour des rognons. Lorsqu'il est *antenais,* sa chair est moins colorée ; agneau, elle est encore plus pâle. Sa graisse ne filtre jamais dans l'épaisseur des muscles ; il n'y a donc point de persillé. Le peaucier est ordinairement très coloré chez les animaux de bonne qualité et dessine sur le dos des zébrures d'un rouge vif très appréciées. Ces lignes transversales portent en boucherie le nom de *maquereautage.*

Pour distinguer le mouton de la brebis, il suffit de regarder la région inguinale ; chez les mâles, les testicules atrophiés sont quelquefois présents au milieu d'un amas de graisse lobée, le pénis est toujours conservé et pend le long du ventre ; la graisse de la région inguinale est lisse, non mamelonnée chez les femelles.

La viande de brebis a de tout temps été dépréciée. Son prix de vente sur pied comme à l'abattoir est inférieur à celui du mouton. Certaines administrations sont encore de nos jours inexorables au sujet de sa livraison dans la fourniture par adjudication. Effectivement, la brebis est inférieure en qualité au mouton ; agnelle, elle lui est égale, quelquefois elle lui est supérieure ; mais lorsqu'elle atteint cinq ou six ans, qu'elle a fait plusieurs portées, sa chair a perdu de sa valeur. La brebis âgée a beaucoup de ventre, partant plus de basse viande que le mouton. Les reins sont moins larges, moins épais, ses noix de côtelettes plus minces et ses gigots moins ronds. Toutes ces défectuosités sont augmentées si la brebis est pleine au moment de son sacrifice.

Le bélier, qu'on voit à de rares intervalles aux abattoirs et aux halles, a la conformation de tous les mâles non émasculés : Le cou, les reins, les cuisses sont très développés. La viande est fort brune. Dans certaines villes de France, à Carcassonne, à Montpellier, la viande est saisie. A Paris, elle entre en consommation.

Races. — Appréciation. — Les moutons varient de qualité suivant les races et suivant les différentes localités, où ils sont élevés et engraissés.

Dans les contrées humides, on trouve des troupeaux aptes à l'engraissement, qui donnent une laine peu fine ; on peut faire entrer dans cette catégorie tous les animaux du littoral, depuis les Flandres jusqu'à l'embouchure de la Charente. Dans les pâturages secs, au contraire, on rencontre les moutons à laine fine comme dans l'Ain, l'Aisne, ou sur les plateaux calcaires.

Les moutons les plus appréciés de la boucherie sont, par ordre d'importance :

Le berrichon, dont la gentillesse de la tête est proverbiale ; il est très répandu dans l'Indre et dans le Cher ;

Le nivernais, croisé en grande partie avec les races anglaises ;

Le mouton du Dorat (Haute-Vienne) représente l'idéal de l'animal de boucherie ; il est petit, rablé, aussi prime-t-il sur nos marchés ; il sert, dans la mercuriale officielle, à caractériser la meilleure qualité.

Tous ces animaux sont également bons ; leur squelette est très réduit, la graisse bien répartie et la noix de viande de leur côtelette dense et d'un goût délicat.

Nous classerons également dans cette première catégorie les moutons de race limousine et ceux de la race de Bizet (Haute-Loire) élevés, comme on le sait, dans les pâturages montagneux où la chair acquiert des propriétés remarquables.

Les moutons du Bourbonnais ou de la Marche approvisionnent en partie la seconde ville de France ; ils sont bons et bien constitués depuis qu'ils ont été croisés avec le berrichon.

Nous nommerons ensuite les métis mérinos ou simplement *métis*, dénommés encore beaucerons, flamands champenois, soissonnais, etc., suivant la partie du territoire où on les élève, et les anglo-mérinos, qui résultent du croisement de brebis mérinos avec le bélier new-kent ou avec le dishley. C'est en raison de leur forte taille ou de l'épaisseur de leur noix-côtelette que ces animaux sont estimés. Le mérinos passe pour être un médiocre mouton de boucherie ; il est grossier dans sa chair, qui a parfois une odeur de suint assez désagréable.

A côté de ces types se placent les gascons, groupe hétérogène assez estimé sur nos marchés ; le languedocien, venu sur les plateaux rocailleux du département de l'Hérault ; l'albigeois, de bonne réputation ; les moutons du Poitou, assez prisés de la boucherie surtout quand ils ont été croisés avec les berrichons ou les limousins pour constituer avec ces derniers les moutons de bruyères à l'antique renommée ; le petit landais, qui a la chair délicate grâce à l'ajonc nain qui est la plante ovine par excellence ; les moutons de l'Auvergne très rustiques, divisés en race de plaine bien conformée et de forte taille, et en race de montagne de moindre stature, mais excellente ; le grand gâtine, produit dans les Deux-Sèvres et la Charente-Inférieure ; ce mouton donne une viande de choix que le commerce sait toujours apprécier. Nous citerons encore les troupeaux des Alpes, parmi lesquels il faut distinguer le gapois et, enfin le mouton de l'Ariège, dont la chair jouit d'une haute réputation attribuée aux plantes aromatiques trouvées dans les pâturages des montagnes.

Il existe en France peu de races anglaises pures ; néanmoins tout le monde connaît le dishley, dont le poids moyen varie entre 60 et 80 kilogrammes, et le south-down, doué d'une précocité extrême. Il est impossible à nos races de lutter avec les moutons anglais ; il faut au moins dix-huit mois à deux ans pour faire un mouton dorachon, solognot, berrichon, gascon ou béarnais, tandis que six à huit mois suffisent pour élever un dishley mérinos, un southdown-beauceron ou un croisé cotswold. Et encore les gros agneaux des races hâtives sont-ils plus lourds que les moutons adultes des races tardives.

Il n'est pas rare de voir dans la Beauce et la Brie des agneaux anglaisés de huit mois pesant 40 à 50 kilogrammes, dont la chair est très tendre, et la tendreté est, aujourd'hui, pour les habitants des villes, la première qualité.

Terminons cette énumération rapide en disant quelques mots de nos races africaines. Fortement amélioré, ce mouton devient meilleur, sa construction s'éloigne de plus en plus de celle de la chèvre, en même temps que sa laine devient plus fine, et sa tête moins chargée de cornes. Il lutterait enfin avec les races de la métropole si l'Arabe se résignait à pratiquer la castration dès le jeune âge, à six mois, par exemple, et conservait moins de mâles dans son troupeau.

Fig. 4. — **Mouton.** Fig. 5. — **Chèvre**

Mouton et chèvre vus dans leur ensemble.

Chèvre. — La production de la chèvre augmente en France. C'est une bonne laitière qu'on engraisse difficilement. Elle est la vache du pauvre selon Grogner, et la consolation de la misère suivant Boitard. La viande de la chèvre est consommée, surtout à l'état boucané, dans les Alpes et les Pyrénées. (Fig. 4 et 5).

La Corse et l'Algérie sont les contrées les plus riches en chèvres. En Algérie, les Arabes de quelques contrées trop arides pour nourrir les moutons n'élèvent que des chèvres ; ils en utilisent le lait, la fourrure, la viande et les jeunes. On compte dans cette colonie 3 millions de chèvres, beaucoup plus que dans la métropole. (E. Pion).

Dans la région des hauts plateaux qui font suite à l'Atlas, région si froide et si chaude selon les saisons, la population nomade n'y pourrait subsister sans la chèvre.

Préparée pour la boucherie, la chèvre est émaciée, longue, aplatie d'un côté à l'autre avec une viande foncée en couleur. Pas de graisse de couverture, nulle zébrure sur le dos, gigots maigres et allongés, peaucier toujours très coloré ; graisse intérieure assez abondante, surtout autour des rognons, queue courte et déprimée, présence constante de poils caractéristiques adhérents à la chair et qu'on peut comparer aux brins de laine trouvés sur le mouton, fossette dans la trochlée du fémur apparaissant dès la première année, apophyse épineuse de l'axis plus haute et plus longue que celle du mouton, sont des caractères tranchés qui parlent aux yeux et sur lesquels il n'est pas besoin d'insister davantage.

La viande de bouc est retirée de la consommation dans quelques villes du Midi ; on la distingue à l'étal de celle de la chèvre par les signes habituels communs à tous les mâles.

Porc. — La viande de porc est rosée, entourée extérieurement d'une graisse épaisse, ferme, qu'on nomme *lard.* De même que chez le cheval, la cavité abdominale est tapissée d'une couche de graisse appelée *panne.*

Le porc, une fois saigné, est échaudé ou brûlé ; dans le dernier cas, son aspect extérieur revêt une teinte particulière un peu enfumée ; dans l'autre sa peau est plus blanche et aussi plus molle.

On ne fait aucune différence entre la femelle et le mâle châtrés. Tous deux sont achetés à égalité de prix, étant également bons. Ce sont des animaux de boucherie dans l'acception du mot, améliorés par une castration précoce. Il n'est fait d'exception que pour la truie et le verrat. Lorsque, usés, on les dirige à l'abattoir, ces deux reproducteurs sont assez mauvais ; ils ont souvent un lard transformé, dur, sclérosé ; leur viande est brune, coriace, mal odorante et vendue dans ces conditions à un prix très inférieur sur les marchés où elle trouve encore des acheteurs empressés.

Races. — *Engraissement.* — Les races influent particulièrement sur la qualité de la viande de porc et modifient la formation du lard. Les types anglais sont très précoces, ils peuvent fournir des animaux de boucherie dès l'âge de huit à dix mois ; nos races françaises sont plus tardives et ne donnent des sujets bien en chair que vers l'âge de quinze mois.

Le choix de la nourriture établit encore des modifications profondes dans la valeur de la viande. Ne sait-on pas, en effet, qu'une alimentation avec des farines, des pommes de terre, des glands, des châtaignes donne une chair rose et un lard blanc, ferme et onctueux ; tandis qu'on obtient, au contraire, des viandes molles, pâles et des lards sans consistance avec des soupes, des eaux grasses, comme aux environs des grandes villes.

Le maïs est la base par excellence de l'engraissement du porc. Les meilleures salaisons de France sont celles qui viennent des département où le maïs est cultivé. Aux Etats-Unis d'Amérique, les porcs sont presque exclusivement nourris avec le maïs, aussi les jambons que cette république envoie en Angleterre sont-ils, une fois transformés et parés, vendus avec prime de faveur, un peu partout, sous le nom de jambon d'Yorck.

D'après la carte récente du ministère de l'agriculture, il existe en France 7 millions de porcs. Tous les départements sans exception sont producteurs de porcs, mais à des degrés divers. Ceux qui en élèvent le plus sont la Manche, la Haute-Vienne, la Corrèze, l'Aveyron et Saône-et-Loire, chacun avec plus de 200.000 têtes. Le littoral de l'Atlantique et de la Manche depuis Bayonne jusqu'à Cherbourg vient ensuite en formant une bande de terrain de profondeur assez grande, qui englobe plus de trente départements. Les animaux de cette région sont très appréciés et comme viande et comme lard. Les porcs de l'Ouest sont dirigés sur Paris, où l'on exige des lards de faible épaisseur et des poitrines maigres ; les sujets du Centre et d'une partie du plateau central sont utilisés sur place, en raison de l'abondance de leur lard qui vient remplacer le beurre dans les usages culinaires.

Dans le département de la Seine, on élève de nombreux porcs chez les chiffonniers, avec les résidus de toutes sortes trouvés dans les boîtes à ordures ménagères, et aussi avec les dessertes des grandes tables, dont la variété n'est pas pour déplaire à la voracité de ces animaux.

Expertise de saindoux alimentaires. — Qu'entend-on par saindoux ? C'est la graisse résultant de la fusion à feu doux de la panne de porc et aussi du lard du même animal. Une fois cette graisse fondue et encore fluide, elle est blanchie au moyen d'un battage méthodique ; quelquefois cette opération est pratiquée au contact de l'eau. Ainsi constitué, le saindoux est d'un *blanc de neige, homogène, lisse, onctueux, d'odeur franche et de saveur agréable.* Il n'en est plus de même si on vient à le mélanger à des graisses plus ou moins colorées, d'odeur forte, malodorante le plus souvent.

Ces considérations posées, on examine la couleur extérieure de la masse de graisse soumise à l'expertise. Ayant dans l'œil le type de saindoux connu de tous et qui s'étale à la devanture des bonnes charcuteries, il est facile de prendre un point de comparaison et d'établir aussitôt sa couleur exacte.

Pour s'assurer ensuite de son homogénéité, il est indiqué de faire une large coupe oblique dans le bloc présenté. On voit alors si la teinte est uniforme ou bien, au contraire, s'il existe des filons grisâtres, des marbrures jaunâtres ou des traînées de nuance indécise imitant un peu les dessins conventionnels de la stratification des terrains. Ces signes suffisent à conclure qu'il y a eu mélange de graisse d'origines diverses.

Le saindoux doit être lisse et onctueux, disent les cahiers des charges. Avec une parcelle de graisse écrasée naturellement entre le pouce et l'index, on perçoit de suite qu'il n'y a nul grain, nul grumeau et que toutes les parties prélevées se sont fondues au contact de la pulpe des doigts en laissant une sensation d'onctuosité bien marquée. Le contraire permet d'établir des points spéciaux pour l'établissement du procès-verbal de refus ou d'acceptation.

L'odeur, ai-je dit, doit être franche et la saveur agréable ; ce sont encore les termes mêmes du cahier.

A l'état cru, soit par l'odeur de la masse, soit encore par celle perçue sur les doigts qui ont manipulé la graisse, on peut établir, comme pour beaucoup de denrées alimentaires, si la marchandise plaît ou ne plaît pas. On fait plus on jette dans une poêle un morceau de ce saindoux et celui-ci, une fois fondu et cuit à point pour les fritures, laisse dégager naturellement une odeur franche et agréable, ou bien des vapeurs rappelant les graisses usées, le vieux oing, le *flambart*, en un mot.

Le goût, il ne faut pas l'oublier, donne ici de précieuses indications, aussi est-il recommandé de placer, en fin d'analyse, gros comme un pois de graisse sur la langue afin de déterminer immédiatement si la sensation gustative est bonne ou mauvaise. Rappelons le temps où, dans les campagnes, les mamans donnaient à goûter à leurs enfants, au retour de l'école, une simple tartine frottée de saindoux bien blanc et bien pur, et sachons reconnaître qu'il faut agir avec tous nos moyens, sans fausse honte, sans arrière-pensée, pour le bien général.

L'analyse chimique doit compléter ensuite ces observations précises (*Revue pratique des abattoirs*).

CHAPITRE II

La viande saine — Qualités et catégories des viandes.

La qualité des viandes joue un rôle important en économie domestique, car elle influe sur le prix, la saveur, la tendreté et le choix des morceaux à l'étal. Ce n'est certainement pas chose facile d'assigner une ligne de démarcation tranchée entre les différentes qualités du bœuf et dire où la première qualité commence et où elle finit. Pour la masse, c'est l'engraissement qui fait la qualité ; pour quelques-uns, l'abondance de la graisse ne suffit pas, il faut y joindre la race et la nourriture ; l'âge doit être également pris en sérieuse considération si l'on veut placer au premier rang un bœuf de boucherie. Me limitant donc, j'étudierai les points principaux qui peuvent servir de base à la distinction des qualités du bœuf, c'est-à-dire : la graisse, le grain de viande, le persillé, le jus, la couleur et le volume des muscles, l'âge et la consistance.

A. *Graisse.* — La graisse intérieure porte le nom de suif ; elle est utilisée pour la fonte. Quelques personnes emploient pour la cuisson des fritures celle de veau mélangée à la panne de porc, d'autres font un triple mélange de graisse de porc, de veau et de bœuf pour le même usage.

En Angleterre, la graisse de rognon de bœuf sert à la confection d'un gâteau national de haute renommée, le plum-pudding.

La graisse extérieure est appelée graisse de couverture ; elle est bonne à manger et fait partie intégrante des morceaux débités pour le pot-au-feu ou les rôtis. Cette graisse de couverture apparaîtra avec toutes ses qualités sur les sujets parvenus à l'engraissement extrême, au *fin gras*. Elle sera *frisée*, *ondulée*, lorsqu'après le refroidissement elle formera des rides plus ou moins nombreuses sur le dos et les côtes. Son épaisseur variable, sa disposition dans certaines régions, son défaut de fermeté établiront des nuances de qualité. On dira le bœuf *grappé* si la graisse intérieure s'accuse par des amas en relief sur les plèvres costales.

La graisse diffère de couleur suivant les espèces, les races, l'âge, le sexe et le mode de nourriture. D'une teinte jaune particulière chez les bœufs nourris à l'herbage, tels que les normands, elle prend au contraire une teinte toute rosée chez ceux qui sont engraissés à l'étable. A l'étal du boucher, on peut, suivant les saisons, comparer entre elles ces variétés de tons, en examinant même superficiellement les morceaux offerts aux acheteurs. C'est alors qu'on rencontre des bœufs de première qualité dont la graisse et le tissu osseux sont fortement colorés en jaune ; cette teinte un peu ictérique pénètre quelquefois dans les muscles auxquels elle donne un aspect d'un rouge ocreux. Le commerce, sans savoir exactement à quelles causes attribuer cette coloration anormale, estime bien moins ces animaux dont la vente est toujours difficile. Sur des sujets très maigres, sur la vache principalement, la teinte jaune de la graisse signifie vieillesse et usure. Un peu blanche, la graisse peut caractériser la chair de taureau.

Graisses non adhérentes. — Le dégraissage d'une viande de bœuf peut-il être pratiqué au gré du client ? Non assurément. Il peut être effectué dans une certaine mesure si, toutefois, les clauses du contrat le spécifient, ou encore si la ménagère consent à l'étal à payer un prix supérieur la viande ainsi parée. Dans le cas contraire, on est obligé de respecter la graisse dite de couverture quelle que soit son épaisseur, celle qui est bonne à manger, qui fait partie intégrante du morceau, qui filtre dans l'intérieur des fibres musculaires pour former soit le marbré, soit le persillé.

On ne peut refuser, dans une fourniture par adjudication, que les suifs tapissant la cavité abdominale, le grappé sur les plèvres costales et, aussi, les graisses formant sur la viande des masses *non adhérentes*, qu'on peut enlever facilement sans nuire à la forme du morceau. Tels sont les amas graisseux de la région inguinale chez le mâle, ou de la région mammaire de la femelle ; ceux encore qui constituent le maniement de l'œillet et qui adhèrent à la pointe de *flanchet*, à l'extrémité, pour mieux préciser, du *pis de bœuf*. Il en est de même du paquet graisseux enveloppant le ganglion préscapulaire, situé, comme on le sait, en avant de l'épaule, ainsi de la couche de graisse du *gros bout* de poitrine.

Tous ces îlots servent à caractériser, lorsqu'on les touche sur l'animal vivant, le suif intérieur. Ils fournissent des graisses qui sont ordinairement vendues pour des usages industriels. On a donc raison de les enlever sur les morceaux de viande.

En opposition aux graisses non adhérentes, je dirai

que toutes les autres sont considérées comme adhérentes et dès lors susceptibles d'être livrées avec tout morceau de viande, à moins de stipulation formelle du cahier des charges.

B. *Grain de viande.* – Le grain de viande est formé par les faisceaux musculaires incisés transversalement. Il est *fin* quand le toucher ne perçoit aucune aspérité sur la coupe du morceau et que la sensation est douce, veloutée ; on dit alors que la viande *se coupe bien* et qu'elle appartient à un animal de belle race. Le grain est grossier et l'animal est *ruf* dans sa chair pour témoigner d'une viande dure, un peu pâle et sans jus, tels les animaux mal engraissés. Le bœuf est *vert* lorsque la graisse n'a pas pénétré dans l'épaisseur des muscles et que le persillé fait défaut, c'est alors la jeunesse avec insuffisance d'engraissement.

C. *Persillé.* — La section de la viande permet de voir si la coloration est uniforme, si le muscle a du jus et aussi comment est faite la répartition de la graisse. Lorsque celle-ci pénètre entre les muscles, qu'elle s'amasse autour des fibres pour dessiner des filons, des veines ou des marbrures blanchâtres, la viande est dite *persillée*.

Caractérisant l'engraissement extrême, le persillé n'existe pas dans toutes les races bovines, il manque chez la normande dont la chair d'un beau rouge est parsemée çà et là d'îlots de graisse plus ou moins volumineux d'un jaune caractéristique. Il fait totalement défaut chez le porc et le mouton.

La chair de porc parvenu à un état d'engraissement parfait peut offrir cependant un certain degré d'infiltration graisseuse constituant plutôt le marbré que le persillé.

D. *Jus.* — A l'incision de la bonne viande on voit suinter, peu avant la section, une petite quantité de *jus* de couleur vermeille.

Ce liquide est ordinairement alcalin ; il appartient à la viande de choix dont la saveur et le moelleux sont hautement estimés des gourmets. Les taureaux, les jeunes bœufs, les sujets de race grossière ont une fibre sèche et peu savoureuse. Le jus abondant que laissent échapper certaines viandes est le propre d'une alimentation par les pulpes et les drèches. Exposées longtemps à l'étal, ces viandes se vident et n'ont plus de saveur.

E. *Couleur.* — La couleur de la viande est très variable : elle tient à l'âge, au sexe, à la race ; elle est modifiée par la température, l'exposition prolongée à l'air et la maladie. Décrire les nuances de coloration que toutes ces causes sont susceptibles de provoquer n'est pas chose facile ; c'est en regardant souvent l'étalage des maisons de détail à certaines époques de l'année que l'œil pourra saisir ces couleurs si diverses et comprendre la dissemblance des bœufs d'herbage et des bœufs d'hiver, celle des jeunes et des vieux animaux et aussi celle des taureaux, des bœufs et des vaches. La couleur normale de la viande est d'un rouge vif. Elle est terne si les sujets sont nourris exclusivement de farine, de pulpes ou de produits de distillerie. Les bouchers méprisent ces bœufs, ils les appellent des *fariniers*, des *sucriers*, indiquant ainsi leur origine.

Le sacrifice hâtif avant le repos des animaux à l'étable, l'imperfection de la saignée, la réplétion trop complète des réservoirs gastriques sont cause que la viande devient *trouble*. La fatigue, le surmenage la rendent très foncée, d'un brun noirâtre. La maladie l'altère également.

Il est bon de savoir que la viande de bœuf, de même que celle des autres espèces, offre normalement des décolorations locales, physiologiques, qui ne diminuent nullement sa qualité. Les variations de l'irrigation sanguine influent sur la couleur de certains muscles et probablement aussi sur leur pouvoir nutritif. Les muscles ont une couleur propre, rougeâtre tenant à l'hémoglobine qu'ils contiennent ; ceux qui n'ont qu'une contraction d'une durée extrêmement courte, comme certains muscles de la cuisse, auront une couleur pâle, précisément parce qu'ils renferment peu d'hémoglobine. Le *tende de tranche* ou région crurale interne, le *rond de la semelle* ou demi-tendineux, quelques fléchisseurs de la jambe ont les fibres musculaires moins colorées que celles des régions voisines. Il en est ainsi de l'ilio-spinal du porc qui tranche par sa blancheur sur une coupe transversale de la région lombaire.

Par son exposition à l'air libre, la couleur de la viande de bœuf est modifiée profondément. L'incision faite dans le muscle de l'animal fraîchement abattu procure une coloration d'un rouge violacé ; après raffermissement des chairs, la teinte d'un rouge brun tout d'abord passe en très peu de temps au rouge vif ; cette belle couleur se ternit ensuite peu à peu pour devenir finalement d'un brun foncé, souvent même très noire. Les bouchers savent tirer parti de cette sorte d'oxydation de la viande en coupant quelques instants à l'avance les pièces servant à faire étalage afin de leur donner sur la coupe un aspect rutilant.

Au contact de l'air sec un morceau de viande se ternit sur les surfaces de coupe ; si le temps est humide, la viande poisse au doigt et répand une légère odeur de relent, odeur qui persiste souvent même après cuisson. Le temps devient-il chaud, orageux, l'avarie com-

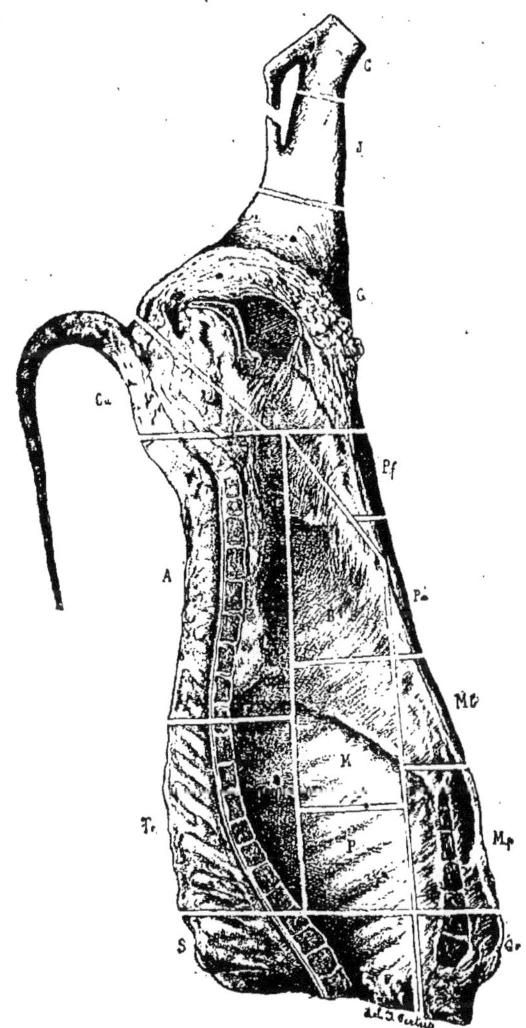

Fig. 5. — **Coupe de boucherie du demi-bœuf.**

C, crosse ; J, jambe ; G, globe ; *Cu*, culotte ; A, aloyau ; *Tr*, train de côte entier ; S, surlonge ; P, plat de côte découvert ; M, plat de côte couvert ; B, bavette ; *Pf*, pointe de hanchet ; *Pa*, paillasse (œillet) ; *Ml*, milieu de tendron ; *Mp*, milieu de poitrine ; *Gr*, gros bout.

mence en se traduisant par des tons d'un vert caractéristique sur la graisse, avec odeur putride. Le froid est-il vif, la température est-elle voisine de 0°, la viande prend de suite une belle couleur rouge vermeille pour la perdre aussitôt que le thermomètre descend à la gelée. Pendant les pluies et les brouillards, les viandes ont une couleur sans brillant, terne et sale. Dans les chambres réfrigérantes à air sec maintenues à + 3°, les viandes conservent à peu près leur belle couleur normale. Les armoires glacières où l'air est presque toujours humide ne peuvent donner les mêmes résultats.

F. *Volume des muscles.* — Dans l'appréciation de la qualité il faut tenir compte également du volume des muscles. Tous les animaux sacrifiés aux abattoirs ne sont pas parfaits dans leur ensemble. De même qu'il est rare de trouver un modèle accompli, de même il est impossible d'avoir une bête de boucherie réalisant l'idéal de l'acheteur.

Autrefois on soufflait les animaux afin de faciliter le travail de l'*habillage* et donner au moment de la vente une apparence rebondie à toutes les régions. Aujourd'hui, le soufflage n'existe plus à Paris pour les bœufs et les moutons ; il est néanmoins conservé dans les petites villes et les campagnes où les ouvriers sont peu habiles à dépouiller un animal non soufflé. L'insufflation outrée constitue, pour un œil peu exercé, le gras, la beauté et souvent la qualité des vaches maigres et étiques. La main appuyée sur la surface extérieure des quartiers de viande fait aussitôt reconnaître l'intensité du soufflage : le tissus cellulaire distendu à l'excès résonne en effet comme la peau d'un tambour. On maintient encore à Paris le soufflage du veau dans le but de lui donner un aspect extérieur d'un blanc éclatant tel que le désire le commerce de détail.

Lorsque les régions dorso-lombaires et fessières sont légèrement émaciées, on a le bœuf *écart de viande.* On se sert aussi du mot *placard* quand les muscles de l'épaule, des lombes et de la cuisse sont peu développés. Certaines vaches sont dénommées *ribaudes*, *taurelières*, qui ont les muscles très en relief comme ceux du taureau.

G. *Age.* — Les animaux trop jeunes, sacrifiés à deux ans par exemple, donnent une viande *peu faite*, peu colorée. A trois ans, la viande acquiert déjà de la finesse, mais ce n'est guère qu'à quatre ans qu'elle possède toute sa saveur et toute sa qualité. A mesure que les animaux avancent en âge la viande se pénètre davantage de graisse tout en devenant plus ferme, plus juteuse. Elle est dure lorsqu'elle provient de vaches vieilles et épuisées ou de bœufs usés par le travail. Les tireurs de bateaux en sont des exemples frappants. S'assurer de l'âge des animaux est donc indispensable au moment du classement des viandes par qualités.

H. *Consistance.* — La chair des bovidés adultes doit présenter après son transport à l'étal une certaine fermeté. Le boucher n'aime pas à débiter des viandes molles, flasques, à graisse fondante, n'ayant aucun soutien. C'est pour cette raison que le refroidissement des quartiers dans un courant d'air ou dans une chambre froide s'impose pendant l'été. Les viandes ainsi rassises en même temps qu'elles sont de meilleure conservation sont plus appétissantes et de meilleur goût.

Bœuf. — Ces considérations admises, je placerai dans la première qualité un bœuf qui aura la viande ferme au toucher, le rognon de graisse volumineux, une graisse de couverture bien répartie sur toute la surface du corps et d'égale épaisseur, le grain fin et le persillé selon la race. Ces indications seules me toucheront si je veux simplement apprécier l'état d'engraissement du sujet sans m'attacher à reconnaître toutes les causes nombreuses qui motivent la qualité princeps et que les hommes de métier ont un intérêt majeur à déterminer. Le point difficile en matière d'expertise est pour moi de savoir si la viande de bœuf a bien la qualité requise par les clauses d'un cahier des charges. Je dirai sans détour et pour simplifier la question que c'est à la quantité de graisse ferme qu'on est à même de bien juger si l'animal est de bonne ou de mauvaise qualite. Je conseillerai donc de rechercher cette substance afin de savoir comment elle est déposée dans et sur la viande.

La graisse de couverture ou externe sera facilement constatée à l'inspection des régions dorsales, costales et sur la section du rachis, sur *la fente* pour me servir de l'expression consacrée ; la graisse interne ou suif sera examinée soit au bassin, soit autour des reins où elle abondera chez les animaux de première qualité.

La première qualité ainsi que la deuxième et la troisième se subdivisent en trois autres ; on dit, par exemple, première qualité, première sorte, deuxième sorte, etc. Ces nuances intermédiaires dans chaque qualité sont assez difficiles à établir ; elles ne précisent pas un choix rigoureux.

Je placerai dans la deuxième qualité les bœufs ayant moins de graisse de couverture et autour des rognons qui seront, aux dires des bouchers, *plus verts*. Ce mot, par analogie au fruit, servira à désigner un animal qui n'est pas arrivé à maturité et dont le sacrifice a été trop hâtif. Le grain de la viande sera plus rugueux, la fibre plus pâle et plus sèche. Dans la troisième enfin seront compris les animaux maigres, sans graisse de couverture, sans infiltrations graisseuses interfibrillaires, avec peu de graisse au bassin ainsi que le long des apophyses épineuses des vertèbres dorsales.

Le taureau et la vache seront classés à part et leurs qualités déterminées de la même manière.

Maladies du Bœuf. — Les indigestions, les maladies charbonneuses, les accidents de parturition, la tuberculose, la fièvre de fatigue, la péricardite traumatique, l'hydrémie, l'hydropisie, l'hématurie, l'anémie, la maigreur extrême sont les affections qu'on observe communément dans nos abattoirs.

La saisie des viandes d'extrême maigreur est une grosse question qui a été résolue en partie avec le *freibank* ou boucherie inférieure d'Allemagne. Chez nous ce système est, dit-on, difficile à appliquer et je ne vois pas qu'il faille songer momentanément à offrir de pareils étaux à la classe besogneuse de nos villes. En attendant une solution peut-être prochaine, étudions en quelques mots la conduite qu'il nous faut tenir à leur égard ! (1)

(1) Les motifs qui peuvent autoriser l'envoi des viandes à un étal de basse boucherie sont résumés dans le tableau suivant, dont nous tirons un extrait de l'ouvrage de M. Martel. *Abattoirs publics*, vol. II. p. 274.

VIANDES insuffisamment alibiles	VIANDES répugnantes	VIANDES dont la nocivité disparaît par la stérilisation.
Extrême vieillesse.	Jaunisse.	Ladrerie du porc.
Vieillesse sans extrême maigreur chez le cheval	Tétanos.	Ladrerie du bœuf.
Gestation avancée. Maigreur chez les veaux mûrs.	Maladies sans fièvre.	Tuberculose sans amaigrissement.
Amaigrissement très prononcé.	Accidents de parturition.	

Division des viandes maigres. 1° Maigreur physiologique. — On peut se rendre compte que des sujets bien portants peuvent être maigres et donner un faible rendement en viande et en suif. Dans cet état la viande peut être dépréciée, mais elle demeure bonne, alibile et saine. Tels sont les jeunes animaux, les travailleurs âgés et les femelles laitières.

2° *Atrophie musculaire simple ou atrophie musculaire sénile.* — Le tissu conjonctif intermusculaire va se raréfiant dans la vieillesse ou chez les animaux qui travaillent longtemps. La graisse, ici, est encore présente ; elle n'est pas abondante et le peu qui existe s'accumule de préférence dans l'abdomen. Ainsi fait la chèvre dont l'émaciation musculaire est notoire et qui, cependant, a toujours autour des reins une graisse assez abondante et ferme.

On sacrifie tous les jours dans nos abattoirs des vaches usées dont les cuisses, les épaules et les lombes accusent une émaciation avancée tout en possédant encore une certaine quantité de graisse intérieure. Assurément la viande fournie par ces animaux et sèche, dure, d'autant plus dure que l'animal est plus âgé, mais elle est salubre et nous devons la laisser entrer sans hésitation dans la consommation, car si elle constitue de maigres rôtis, elle fait encore un pôt au feu excellent.

3° *Atrophie cachectique, Maigreur extrême, Etisie.* — Ce sont des cas pathologiques justiciables de l'inspection. Nous assistons en effet à la destruction des tissus. On dit vulgairement de ces animaux qu'ils n'ont plus de moelle, c'est-à-dire que la moelle osseuse au lieu d'être ferme et rosée prend la consistance de la vaseline en même temps qu'elle est de teinte ambrée. Partout où la graisse est normalement présente, elle est remplacée par une gelée jaunâtre semi-fluide. On saisit toujours lorsqu'apparaît ce critérium de la moelle osseuse fluide.

On sait que l'animal avant de mourir de faim mange toutes ces réserves, la graisse du coussinet de l'œil, des sillons du cœur, de l'articulation fémoro-tibio-rotulienne, enfin la moelle des os.

Il y a, on le pense bien, des degrès dans la maigreur. C'est un type que j'ai décrit, laissant au vétérinaire le soin d'étudier les états intermédiaires qui sont très nombreux.

Ces considérations générales sur les viandes maigres s'appliquent à toutes les espèces de boucherie. Elles devraient viser également les poulets et les lapins. Ces derniers que je vois vendre autour de moi sont en général très maigres, quelques-uns ont un filet de graisse autour des rognons, mais la plupart sont d'une maigreur hyperbolique (Greffier).

Si toutes les personnes qui aiment cette chair faisaient comme moi, elles ne choisiraient pour leur table que des bêtes suffisamment engraissées, dont les reins seraient enveloppés de graisse blanche, ferme et assez abondante. En agissant ainsi, elles ne s'exposeraient pas à manger des chairs flasques et sans saveur, cependant qu'elles contraindraient les éleveurs à augmenter la qualité de leurs produits.

Veau. — L'appréciation des qualités du veau sera établie plus facilement, car le commerce prend pour premier type de son choix l'animal âgé de quatre mois environ, nourri avec du lait et des œufs, dont la chair est à peine rosée, la graisse bien répartie, d'un blanc de satin, et le rognon de graisse toujours compact et volumineux. Le veau de première qualité est souvent désigné sous le nom de *vert de blanc*, lorsqu'on veut caractériser la chair d'extrême blancheur, anémiée par une nourriture spéciale. Sur la coupe d'un morceau, la fibre musculaire apparaît en effet avec des reflets mats d'un vert très pâle justifiant ainsi l'appellation du boucher.

La deuxième qualité est représentée par des veaux à graisse un peu jaunâtre et à chair plus foncée en couleur. Le rognon de graisse diminue d'épaisseur, des vides nombreux se creusent, recouverts du péritoine et formant vitre ; on dit alors le rognon *vitré*. Cette expression journellement employée peint les veaux qui ont eu arrêt dans le régime alimentaire. Entrés dans les transactions commerciales depuis plusieurs jours, ces jeunes bovidés, privés de nourriture en chemin de fer ou sur les marchés, donnent aussi à l'autopsie une graisse rougeâtre comme injectée. S'ils restent quelque temps sans boire, ils fondent avec rapidité et mangent la graisse de leurs reins et une partie de leur thymus. La troisième qualité comprend des sujets à chair foncée semblable à celle du bœuf avec une graisse assez abondante, mais très colorée.

Comme la blancheur du veau constitue sa valeur, il existe certaines contrées où l'on pratique des saignées successives dans le but d'anémier le patient et d'obtenir par là même une chair blanche. Cette manière de faire est un peu délaissée, elle ne donne pas toujours les résultats cherchés, car elle produit, le plus souvent, des viandes molles d'un aspect terne cadavérique. Cette pratique est du reste blâmable ; à Paris, elle est prohibée par l'ordonnance du 20 mars 1879 concernant la police des abattoirs, qui invoque à juste titre les prescriptions de la loi du 2 juillet 1850.

Dans la plaine de Caen, à Gournay, les veaux sont dépréciés à ce point qu'on dit avec mépris des *Caen-*

nais, des *Gournayeux*, quand on veut déterminer les plus mauvais veaux de nos marchés, dont la chair est rouge et la graisse peu abondante, de couleur bistrée, résultat d'une nourriture trop tôt herbacée.

Dans les pays d'élevage tels que l'Auvergne et le Limousin, les jeunes animaux parvenus à l'âge de sept mois cessent d'être appelés veaux.

Moutons. — Je me bornerai à dire ici que la première qualité dans cette espèce est reconnue à l'état de la graisse et à la coloration très grande du peaucier. La forme du gigot qui doit être court et rebondi, l'épaisseur et la largeur des lombes, les digitations plus ou moins colorées que dessine sur le dos le panicule charnu et que le commerce compare aux zébrures dorsales du maquereau, le sexe, le mode de castration sont autant de signes qu'il ne faut pas négliger de passer en revue lorsqu'on veut établir une division par qualités.

Le défaut de zébrures dorsales et de coloration du peaucier, l'émaciation des régions de choix telles que gigots, reins, épaules, feront descendre les moutons d'un ou de plusieurs degrés. La brebis âgée, certains moutons de race africaine à odeur de laine ou de suint entreront sans peine dans la troisième qualité.

Maladies du Mouton. — La cachexie est l'affection qu'on voit le plus souvent dans nos abattoirs, surtout à certaines époques de l'année. Les moutons malades mouillés, gorgés d'eau, froids au toucher, à graisse complètement diffluentes, maigres, diaphanes, sont facilement retirés de la consommation, ainsi que les poumons et les foies farcis de parasites. Il en est de même de certains dont la graisse des reins est encore abondante, mais sèche, pulvérulente, émaillée par place de petites paillettes brillantes. Ces derniers moutons sont de très mauvaise qualité ; leur chair est molle, flasque et l'ensemble de leur carcasse, dépourvue de couleur. semble flotter dans le panicule charnu comme dans un sac.

L'asphyxie, le sang de rate, les indigestions aiguës, l'ictère, sont des maladies communes aux autres espèces et étudiées précédemment.

Porc. — La fermeté du lard, sa blancheur et son onctuosité ainsi que la couleur légèrement rosée de la chair indiquent la première qualité. Dans l'Auvergne et le Limousin où le saindoux remplace le beurre, la qualité des porcs se juge à l'épaisseur du lard qui atteint parfois 15 centimètres. A Paris, on estime en premier lieu des poitrines maigres et des lards peu épais, qui nous sont fournis par les porcs du Sud-Ouest dont la réputation est depuis longtemps consacrée.

Maladies du Porc. — Les maladies du porc sont nombreuses, je me contenterai de citer celles qu'on observe le plus dans les abattoirs. Le rouget qui fait les reins, les ganglions et le lard congestionnés attire de suite avec l'asphyxie les regards de l'inspecteur. Sur le porc fendu on voit la ladrerie, la tuberculose plus fréquente qu'on ne croit, l'ostéo-myélite caractérisée par des foyers purulents, de couleur verdâtre, développés dans le tissu spongieux des os, la cryptorchidie qui donne aux chairs une odeur urineuse, la sclérodermie qui rend le lard dur comme de la corne, la psorospermose crétacée et purulente, le rachitisme.

Chevreaux — Agneaux — Porcelets. — Depuis que la peau de chevreau sert à l'industrie de la ganterie, on met en vente, sur le marché de Paris, tous les ans, plus de 100.000 carcasses de jeunes biquets, de 5 à 21 jours d'existence. Cette viande n'est pas mauvaise ; consommée rôtie ou en ragoût, avec des légumes nouveaux, elle est prisée par toutes les classes de la société, et le Conseil d'hygiène et de salubrité du département de la Seine, lui-même, a recommandé l'indulgence à son égard.

L'agneau est sacrifié ordinairement à un âge plus avancé; néanmoins depuis quelques années on en voit plusieurs n'ayant que 8 à 10 jours, à cause d'un commerce nouveau, l'astrakan français. Quant aux porcelets, la coutume est d'en manger quelques-uns aux approches de certaines fêtes, sans se soucier de leur grande jeunesse.

Pour opérer la saisie de ces jeunes sujets, chevreaux, agneaux, porcs de lait, il faut que la maigreur soit extrême, que le peu de graisse entourant les reins ait pris une teinte bistrée, enfin que l'ensemble de la carcasse dénote un état de mal-venue évidente.

Il faut savoir qu'en cette situation les viandes sont molles, gluantes, gélatineuses, insipides et presque répugnantes. Dépourvues de valeur alimentaire, elles sont laxatives et se putrifient rapidement.

Division en catégories.

Trois catégories divisent le bœuf entier. Elles sont établies d'après la valeur différente des divers morceaux en principes succulents et surtout d'après leur tendreté à la cuisson. Dans la première sont rangés les muscles des régions fessières, ischio-tibiales, sus et sous-lombaires, sous le nom de culotte, tranche grasse, tende de tranche, gîte à la noix, rumsteck, filet, contre-filet, et train de côtes. Ce sont les muscles les plus épais, les mieux infiltrés de graisse, contenant beaucoup de jus, les plus pauvres en intersections tendineuses, ceux qui servent ordinairement au rôtissage, à l'exception cependant de la culotte, du gîte à la noix et d'une partie ou tende de tranche qui sont vendus en pièces braisées ou en pot-au-feu (Bouley et Nocard).

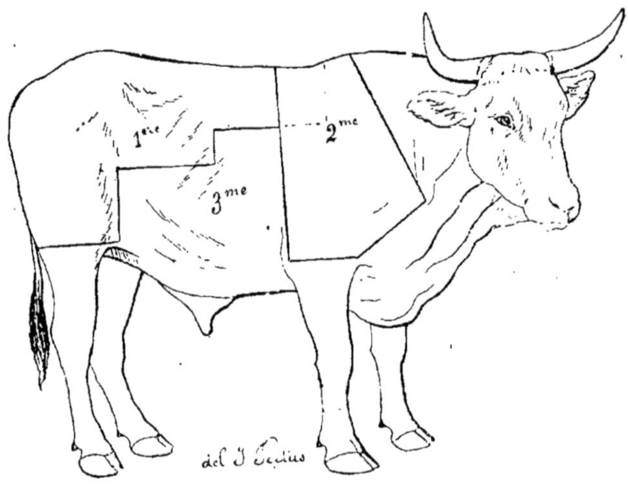

Fig. 6. — **Division du bœuf par « catégories ».**

La deuxième comprend le paleron ou l'épaule, le plat de côtes, le talon de collier et la bavette d'aloyau, tous morceaux pour le pot-au-feu ou le bœuf à la mode. Enfin, dans la troisième catégorie sont placés les muscles du cou, ceux de l'abdomen, la partie inférieure des membres sous les noms de collier, poitrine, pis de bœuf, surlonge, gîtes de devant et de derrière auxquels il faut ajouter encore la portion charnue et les piliers de diaphragme (hampe et onglet). Ces régions constituées en partie par des intersections tendineuses ne sont utilisées que pour le bouilli (Fig. 6).

Le pis de bœuf et le collier ne deviennent avantageux dans une fourniture que s'ils proviennent d'un sujet donnant un rendement moyen de 350 kilogrammes. Au-dessous de ce poids, on ne rencontre dans le pis de bœuf que des plans aponévrotiques et des muscles de grande minceur qui, une fois cuits, forment l'antique *sous-pied* que j'ai jadis connu. Le commerçant sait remédier à cet état de choses en faisant des paillasses fourrées, c'est-à-dire en glissant dans les plans musculaires décollés des morceaux non utilisés, des restants de joue, de collier et de ventre, le tout comprimé avec des poids pour obtenir au bout de douze heures un bloc compact d'une certaine épaisseur. C'est très réussi en tant que trafic, je le sais, mais c'est tout. Il y a donc intérêt, lorsqu'on prend livraison de viandes de troisième catégorie, de s'adresser à des bœufs lourds et de bonne qualité, afin de pouvoir se tailler des portions charnues sans trop de déchet.

CHAPITRE III

Maniements et Rendement

Trois sortes de maniements sont consultés par le boucher qui veut acheter un bœuf sur un marché à bestiaux :

1° Les maniements principaux qui caractérisent la graisse intérieure ou suif sont le *scrotum* ou les *bourses* chez le mâle, le *cordon* de la mamelle chez la femelle, l'*œillet*, ou pli de la peau qui va de la rotule au ventre, l'*avant-cœur*, la *poitrine* ;

2° Les maniments qui indiquent la graisse extérieure ou couverture sont les *abords* ou *cimier* qui se trouve à la pointe de l'ischium, la *hanche* et la *côte ;*

3° Les maniements annonçant l'épaisseur des muscles sont le *travers*, région qu'on saisit à pleine main au creux du flanc et le *garrot.*

Tous ces dépôts de graisse n'ont pas pour centre un ganglion lymphatique, quelques-uns sont formés dans le tissu cellulaire seul. Ils n'apparaissent pas tous à la fois ; ceux en général qui se développent les premiers, comme les abords, l'œillet, la côte, la poitrine et le paleron, sont les derniers à disparaître par l'amaigrissement ; ils sont aussi plus tenaces et plus fondamentaux.

Je donne ici une figure qui peint admirablement bien

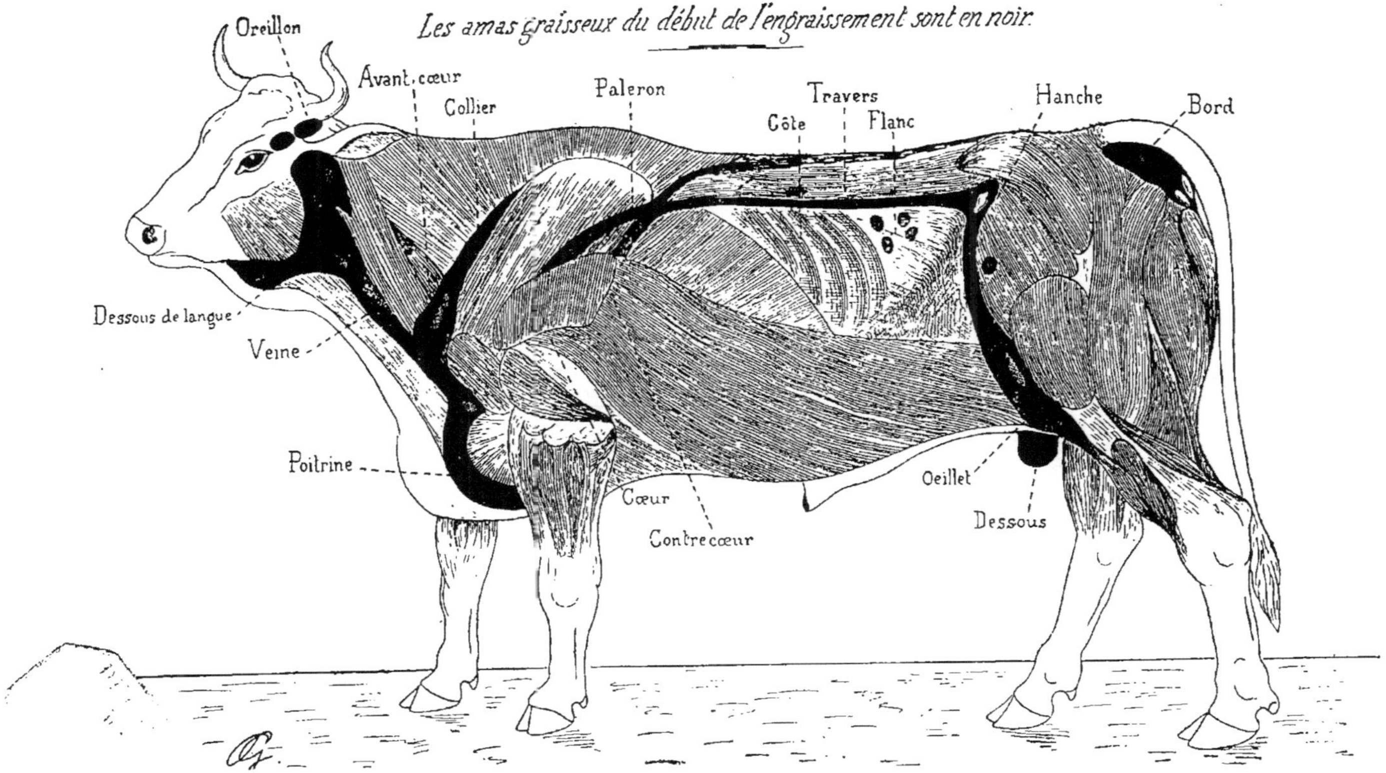

FIG. 7. — **Les maniements graisseux de la bête bovine.**

(Gravure extraite de l'*Hygiène de la viande et du lait*, article : Le bétail de boucherie, de **M.** Godbille.)

tous les maniements, les plus petits comme les principaux, ceux surtout qui servent de pierre de touche pour l'examen de l'animal sur pied, au point de vue du rendement en viande nette. Ce dessin est l'œuvre de mon collègue, M. Godbille (Fig. 7).

Rendement. — Le rendement du bœuf de boucherie oscille entre 53, 55, 58 et même 60 °/₀ sur les sujets de concours.

Le rendement moyen en viande nette d'un veau du Gâtinais peut être fixé à 60 pour cent ; celui de la plaine de Caen à 50 et 55 °/₀.

Les moutons donnent 50 à 55 °/₀ de viande.

Le porc a comme rendement moyen 74 à 80 °/₀.

Le professeur Baron, d'Alfort, usait de la formule suivante pour constater le rendement des bêtes bovines.

$$L \times T \times V, \times 80 = \text{Poids vif en kilo.}$$

Il mesurait la longueur comprise entre l'articulation scopulo-humérale et la pointe de l'ischium, le tour du thorax en arrière du coude et celui du ventre en avant de la rotule.

Anderdon trouve le poids de la viande nette en kilogrammes d'un bovidé en prenant la moitié du poids vif augmenté des $\frac{4}{7}$ et divisant le tout par 2. Ce qui donne simplement du 53 et demi °/₀.

Proportion d'os. — On compte environ de 100 à 120 grammes d'os par livre (500 gr.) selon la conformation et la race de l'animal.

CHAPITRE IV

Age du bœuf

L'âge du bœuf est indiqué par les dents incisives de la mâchoire inférieure et aussi par les cornes frontales.

On compte chez le bœuf huit incisives qui se distinguent en dents caduques ou de lait et en dents de remplacement ou d'adulte. Les dents caduques subsistent jusqu'à deux ans. A partir de cette époque, les pinces tombent, puis les mitoyennes et enfin les coins.

La poussée des incisives de remplacement se fait à des époques à peu près fixes (Fig. 8).

De dix-huit à vingt mois, apparition des pinces ;

A deux ans et demi, sortie des premières mitoyennes ;

A trois ans et demi les deuxièmes mitoyennes évoluent ;

A quatre ans et demi, la percée des coins est faite.

Girard, qui s'est occupé spécialement de l'âge des animaux domestiques, dans un traité resté toujours classique, fait retarder légèrement de six mois l'évolution des dents de remplacement. Sanson la fait avancer d'autant sur les chiffres que nous donnons.

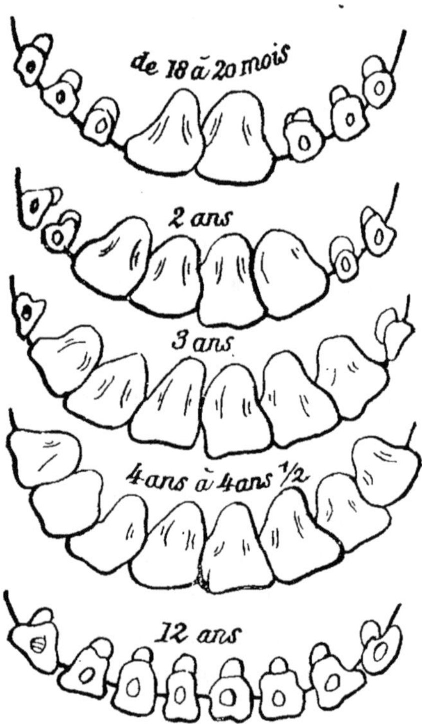

FIG. 8. — **Age du bœuf.**

Gravure extraite de la *Revue de l'Intendance.*

Age du bœuf par l'examen des cornes.

Autrefois, on jugeait l'âge des sujets par l'examen des cornes frontales; aujourd'hui, ce contrôle est un peu abandonné.

On comptait les cercles ou sillons existant à la base des cornes et qui augmentent de nombre au fur et à mesure que l'animal vieillit.

Il est admis que jusqu'à l'âge de trois ans les premiers cercles s'effacent et qu'il ne reste plus qu'un seul sillon. Nous ajoutons que, si l'on compte par sillons dans la détermination de l'âge, le plus rapproché de la base de la corne doit compter pour trois ans.

CHAPITRE V

Parallèle entre la viande saine et la viande malade

Pour bien apprécier les caractères présentés par les viandes des animaux malades il est nécessaire de connaître ceux que fournissent les viandes provenant de bêtes sacrifiées en parfaite santé ; aussi conseillerons-nous aux personnes qui veulent s'occuper de cette question avec profit de fréquenter nos abattoirs.

Les viandes de boucherie sortant des mains des bouchers des grandes villes sont travaillées avec un soin extrême : l'assommement, la saignée, *l'habillage*, le dépeçage, tout en est méthodique. Pratiquées suivant des règles spéciales, ces diverses opérations ne laissent pas de donner aux quartiers de l'animal un aspect séduisant.

La division en deux parties de la colonne vertébrale est faite avec habileté, sans bavures, pour ainsi dire ; toutes les taches extérieures de sang ont été envelées avec soin soit par le couteau, soit au moyen de linges blancs et secs ; en un mot, on reconnaît le travail de l'homme de métier.

Au contraire, si la viande provient d'un animal sacrifié *in extremis*, ou d'une bête dont on aura fait l'*ha-*

billage post mortem, dans un champ, une étable, il sera facile de reconnaître aussitôt qu'une main inexpérimentée a présidé à la préparation du sujet. Quand bien même encore un boucher aurait été appelé au dernier moment, le travail fait à la hâte, dans un lieu peu propice, ne ressemble en rien à celui qui est pratiqué dans les abattoirs ou dans une tuerie spéciale installée à cet effet.

Chez une bête saine, quelle qu'elle soit, le tissu cellulaire sous-cutané devra être d'une grande blancheur, la graisse de couverture ferme, de couleur blanc rosé ou légèrement jaunâtre, la graisse de rognon ou suif de même nuance et sans injection.

L'aspect extérieur sera exempt d'ecchymoses, d'arborisations vasculaires et d'infiltrations. Les muscles peauciers seront d'un rouge intense chez les animaux adultes, en rapport avec la coloration des muscles ; on les trouvera plus pâles, s'il s'agit d'animaux jeunes ou à viande blanche.

Le tissu musculaire, selon l'espèce ou l'âge, sera d'un beau rouge ou d'un blanc rosé ; de teinte généralement uniforme, il sera de plus ferme et exempt d'infiltration.

Si la viande est très foncée en couleur, d'un brun presque noir, gommeuse et collante aux doigts ; si la graisse est injectée, on peut en conclure qu'elle provient d'animaux saignés dans le cours de la fièvre de fatigue.

Dans l'état de maladie, les viandes de boucherie dégagent une odeur type, appelée odeur de fièvre, que tout le monde connaît et qui ressemble à l'haleine des fébricitants. Le muscle prend alors une teinte d'un gris terne qui passe bien vite au contact de l'air à une coloration d'un rouge pâle, semblable à la chair de saumon ou encore à la viande d'un rosbif cuit à point, d'où le nom de viande cuite donné à la chair des bêtes malades vidées tardivement.

Si on incise la viande fiévreuse, on voit que la coupe laisse transsuder une grande quantité de liquide, de jus autrement dit.

Les viandes qui dégagent une odeur de météorisation, excrémentitielle, pour nous servir du mot consacré, doivent être exclues de la consommation. Il en est de même des viandes à odeur urineuse, ammoniacale, dénotant l'empoisonnement urémique, des viandes à odeur de beurre rance, qui proviennent d'animaux atteints de charbon symptomatique ou sous le coup de la septicémie gangréneuse.

Enfin, on doit refuser celles qui répandent des odeurs médicamenteuses (chloroforme, éther, acide phénique).

Tout le monde connaît l'odeur putride qu'exhalent les viandes en décomposition ; il est trop facile de reconnaître cette altération soit à la couleur verdâtre des tissus, principalement de la graisse, soit à l'odeur nauséabonde qui s'en dégage pour que nous insistions davantage.

Dans l'atrophie musculaire simple ou sénile, les muscles sont encore d'un beau rouge vif et la graisse de couleur normale. Dans l'atrophie cachectique, dans l'hydrohémie, la viande est pâle, imprégnée d'eau et la graisse diffluente. Il en est de même dans la maigreur, l'étisie, le marasme, la consomption et dans toutes les maladies par ralentissement de la nutrition. Ces divers états sont très communs chez la vache et le mouton. La cachexie aqueuse frappe surtout l'espèce ovine et fait chez elle de puissants ravages pendant les années pluvieuses. Le refus de la viande, on le conçoit, est ici de règle.

En général, il est bon de dire que, dans les maladies, les viandes, même de première qualité, sont molles, qu'elles n'ont jamais la fermeté ni la sécheresse de celles des autres animaux sacrifiés en bonne santé; la main qui les touche doit reconnaître le degré d'altération qu'elles peuvent recéler.

Dans l'état de santé, les séreuses (plèvres et péritoine) sont complètement transparentes et laissent voir la belle couleur des muscles intercostaux internes et ceux de la paroi abdominale. L'intégrité des séreuses donne à peu près la certitude que les organes thoraciques et abdominaux sont sains ou, dans tous les cas, que leur état pathologique n'a pas eu de ralentissement dans l'organisme. L'état pathologique intervient-il, elles se ternissent aussitôt, deviennent blafardes, sales et livides, notamment sur la portion charnue du diaphragme, la *hampe*, comme on l'appelle en boucherie, ou bien elles subissent le phénomène d'inhibition et se recouvrent parfois de fausses membranes et de tubercules.

Dans cet état, elles sont souvent arrachées afin de masquer, s'il se peut, la mauvaise qualité de la viande.

Les os, de couleur blanc jaunâtre normalement, sont quelquefois rougeâtres ou même plus foncés dans les maladies inflammatoires; ils deviennent d'une teinte de vieil ivoire dans l'anémie par hématurie ou pissement de sang. La section de la colonne vertébrale, d'un rouge vif ou rose sur les sujets sains, offre souvent des teintes sales et terreuses lorsque la viande provient de sujets malades.

Les ouvertures des veines doivent être exsangues; leur état plus ou moins grand de réplétion indique l'imperfection de la saignée ou encore le sacrifice *in extremis*.

Les ganglions lymphatiques ou *noix* des bouchers ne peuvent être ni hypertrophiés, ni congestionnés, ni touchés par la taberculose.

La graisse participe de l'état général : fluide lorsque les animaux sont d'une extrême maigreur ou cachectiques elle est au contraire pulvérulente, farineuse, sans caractère onctueux, souvent d'un blanc d'ivoire dans l'anémie.

C'est ordinairement au bassin, dans les interstices des vertèbres dorsales, qu'on juge bien l'état de consistance de la graisse. C'est surtout en sciant un os long, l'humérus de préférence — qu'on peut immédiatement savoir si les animaux ont leur moelle ou ne l'ont pas; ferme et compacte à l'état sain, au point que le doigt ne peut l'entamer, la moelle des os devient semblable à de la gelée de coing dans le cas de marasme et d'étisie où le refus est indiqué.

CHAPITRE VI

La viande de boucherie des Israëlites

> Vous ne mangerez rien avec le sang (*Lévitique. C, XIX, V, 26*.
>
> Toute personne qui aura mangé du sang sera retranché d'entre les peuples (*Lévitique C, VII, V*, 27).

Les animaux de boucherie destinés à l'alimentation des Israélites pratiquants sont sacrifiés aux abattoirs selon un rite religieux. Ils sont égorgés, c'est-à-dire saignés entièrement par des hommes spéciaux qui, seuls, ont le droit de déclarer si la viande qu'ils fournissent peut être livrée au public. Une fois acceptée, marquée et plombée, la viande est dite *Kacher*, pure : telle est la prononciation et la signification qu'on peut lire à Paris, sur la devanture des boucheries et sur les prospectus de la plupart des restaurants juifs.

Je ne parlerai pas ici du mode de sacrifice du bétail adopté par les Israélites, de nombreux auteurs se sont étendus à souhait sur cette question. Dernièrement encore, l'Académie de Médecine retentissait de discussions soulevées au sujet de la brochure du Dr Dembo, de Saint-Pétersbourg, sur l'abatage des animaux de boucherie comparé avec la méthode juive (1). Il me suffira

(1) Dr Dembo, *L'Abatage des animaux de boucherie.*

de rappeler, pour l'intelligence des faits qui vont suivre, que les défenseurs autorisés de la saignée immédiate par section des vaisseaux du cou font intervenir surtout la quantité moindre de sang restée dans l'organisme, et partant la conservation plus longue de la viande. Ils vont même plus loin et soutiennent que le cerveau et surtout la substance grise, siège de la sensibilité psychique, cesse de fonctionner dès que l'afflux du sang y est interrompu, et que toute sensibilité a disparu, cinq secondes après la section des carotides.

Je n'ajouterai qu'un mot à ces allégations et dirai que les bœufs abattus dans nos grands abattoirs par le merlin anglais ou le masque de Bruneau, dont le boulon de fer entre profondément dans le cerveau à la manière d'un emporte-pièce, reçoivent une mort instantanée qu'on ne peut, je crois, faire plus foudroyante. Mais passons sur ces questions brûlantes où le rite religieux fait place à la controverse scientifique.

On verra plus loin que, subissant les préceptes de Moïse, les Israélites ont longtemps mangé seulement les parties antérieures du bœuf, les quartiers de devant, comme on les appelle en boucherie, n'osant toucher aux régions de derrière de meilleure qualité sans conteste, mais dont les veines profondes recelaient toujours du sang. Aujourd'hui encore, les juifs polonais, d'une orthodoxie rigoureuse, ne consomment que les quartiers de devant, refusant absolument de toucher aux cuisses et aux *aloyaux*, par trop voisins des viscères abdominaux et des organes de la reproduction. Toute la partie antérieure de l'animal est bonne jusqu'à la treizième côte ; au-delà, tout est mauvais, impur. Souvent même on s'arrête après la dernière côte sternale.

Les quartiers de derrière où nous trouvons le filet et

le contrefilet ont paru impurs aux orthodoxes, à cause d'un passage de la Genèse rapportant que Jacob, dans la lutte qu'il soutint avec l'Ange, fut touché à la hanche et devint ensuite boiteux. En souvenir de ce fait biblique, les enfants d'Israël ne mangent point de viande de la cuisse des animaux de boucherie (1).

Depuis une quarantaine d'années, en France, à l'instar du reste de ce qui a été fait dans certaines grandes villes de l'Europe, des hommes plus instruits, véritables anatomistes, sont arrivés à trouver rapidement, après une pratique assez longue, il est vrai, les veines et les artères des régions massives de la cuisse et des lombes, à les suivre le plus loin possible, en vue de leur extraction, déclarant ensuite bonne la viande ainsi préparée. De cette époque, naquit pour certains Israélites des grandes villes l'usage de manger indifféremment et le devant et le derrière de l'animal.

D'après les règles consignées au Talmud, il existerait plus de 300 vaisseaux sanguins à retirer de l'animal entier (in *La Presse Vétérinaire*).

II

Dans chaque boucherie où l'on vend de la viande pour les Israélites, le matin, de six heures à midi, se tient un surveillant nommé par le consistoire, le *borgeur*, chargé de préparer la viande provenant d'animaux saignés rituellement aux abattoirs. Il a pour mission d'en-

(1) Et quand *cet homme-là* vit qu'il ne pouvait le vaincre, il toucha l'endroit de l'emboiture de sa hanche ; ainsi l'emboiture de la hanche de Jacob fut démise pendant que l'*homme* luttait avec lui. (Genèse G,XXXII,V, 25). Et Jacob était boiteux d'une hanche (V,31).

C'est pourquoi jusqu'à ce jour les enfants d'Israël ne mangent point du muscle retirant, qui est l'endroit de l'emboiture de la hanche.... (Vers 32.)

lever tous les vaisseaux sanguins qui pénètrent plus ou moins dans les muscles, les veines notamment dans lesquelles il y a toujours un peu de sang. Cet ouvrier titré retire même les gros nerfs comme le sciatique, les ganglions lymphatiques et certaines graisses. Son nom, écrit selon la prononciation, emprunte sa signification au verbe expurger.

Ce travail n'est pas facile. Nombreuses artères situées profondément pour résister à l'action des causes vulnérantes ne s'enlèvent pas sans délabrement, sans dissection préalable. Si l'ouvrier est habile, le morceau est incisé, coupé convenablement ; il est par contre haché, morcellé à l'excès s'il est touché par des mains inexpérimentées.

En général, les morceaux des membres, des gîtes, sont rapidement expurgés de leurs vaisseaux. Situées près des os, les artères et les veines sont faciles à suivre et à enlever rapidement sans grande incision. Il n'en est plus de même, lorsqu'on veut extirper celles de l'épaule, de la cuisse, du dos et des lombes. On comprend dès lors que, pour l'exécution d'un pareil travail, le morceau de viande choisi soit non seulement largement et profondément incisé, mais encore désossé entièrement et quelquefois même déchiqueté. Le gigot de mouton ainsi privé de ses vaisseaux sanguins est ouvert longitudinalement en deux parties ; il nécessite souvent la couture si l'on veut lui conserver à peu près sa forme primitive assez prisée des gourmets.

Une fois parée, la viande est livrée directement au client ou portée à domicile après avoir été ficelée et cachetée au sceau du consistoire.

III

Avant de paraître sur la table, elle doit subir diverses manipulations ayant toujours pour but l'enlèvement du sang que les muscles peuvent encore déceler ; à cet effet, on la plonge pendant une demi-heure dans l'eau froide ; après ce temps, elle séjourne une heure dans le sel marin où elle perd alors une certaine quantité de jus rose. On la lave à nouveau et la cuisson a lieu ensuite au gré des personnes.

La graisse intérieure ou suif, celle qui recouvre les entrailles (1), l'épiploon spléno gastrique, vulgo *toilette*, et la graisse qui enveloppe les reins est exclue de la consommation. Celle extérieure dite de couverture qui touche au cuir de la bête est seule tolérée. Il en est de même de celle interne attenant au mésentère et qui a nom *ratis* en boucherie.

La rate, véritable éponge de sang, se mange ordinairement farcie après qu'on a enlevé le péritoine qui l'entoure et les gros vaisseaux qui la traversent : trois, dit-on, car le nombre en est désigné pour chaque région. Quant au foie, organe également très vasculaire, on le consomme tel quel, après cuisson par tranches sur le gril, pour lui faire rendre le plus de sang possible.

Les volailles et les chevreaux sont sacrifiés également par un sacrificateur autorisé qui opère comme pour le sacrifice des moutons. Les vaisseaux du cou des oiseaux

(1) Il offrira en offrande la graisse qui couvre les entrailles et toute la graisse qui est sur les entrailles. (*Lévitique*. C. III. V. 14).
Toute graisse appartient à l'éternel. V. 16.

sont seuls enlevés (1). Aucun gibier n'est admis par les Israëlites s'il a été tué à la chasse au fusil. Les lapins et les lièvres ont toujours été exclus de l'alimentation ; ils sont impurs, au même titre que le pourceau (2).

Toujours, comme on vient de le voir, l'idée dominante est, chez ce peuple, la peur de manger du sang.

Hantés par les préceptes de Moïse qui déclare que l'âme de toute chair est dans le sang et que quiconque en mangera sera retranché (3), les Israélites tuent les animaux de boucherie, les volailles, certains gibiers par effusion de sang ; ils font plus, ils préparent cette chair en vue d'en extraire par l'eau et par le sel les quelques gouttes de sang qui pourraient y rester.

Le sang est un liquide qui s'altère avec rapidité. Serait-ce le pourquoi de cette défense?

Ayant constamment sous les yeux le sang des enfants que les Phéniciens répandaient en sacrifice sur l'autel de leur dieu Moloch, Moïse, législateur dont la vaste conception nous étonne encore, a érigé en dogme re-

(1) Si quelqu'un des enfants d'Israël ou des étrangers qui font leur séjour parmi eux a pris à la chasse une bête ou un oiseau qu'on mange il répandra leur sang et le couvrira de poussière (*Lévitique*, C. XVII v. 13).

(2) *Des animaux purs et impurs* : Vous mangerez de tout animal qui a la corne fendue, le pied fourché et qui rumine, mais vous ne mangerez pas de ceux qui ruminent seulement et qui ont la corne fendue seulement. Ainsi vous ne mangerez pas le chameau, le lapin, le lièvre, le porc, vous ne mangerez pas leur chair, vous la regarderez comme impure.

Dans les eaux vous mangerez tous ceux qui ont des nageoires et des écailles, et vous aurez en abominations tous les autres. Chapitre XI. *Lévitique*.

(3) Car l'âme de toute chair est dans le sang ; il lui tient lieu d'âme : c'est pourquoi j'ai dit aux enfants d'Israël : vous ne mangerez point le sang d'aucune chair ; quiconque en mangera sera retranché (*Lévitique*, Chapitre XVII, vers 14).

Seulement tu n'en mangeras pas le sang, mais tu le répandras sur la terre comme de l'eau (*Deutéronome*, chap. XV. vers 23.)

ligieux cette crainte, cette horreur du sang. Il a voulu frapper dans la suite des temps, l'imagination des peuples pasteurs en leur intimant, dans un but religieux, de ne jamais manger de sang des animaux.

Depuis trois mille ans cette défense subsiste encore, et nous la retrouvons, aujourd'hui, non amoindrie parmi les Israélistes de tous les pays.

CHAPITRE VII

Abatage. — Habillage. — Soufflage des Viandes Issues. — Produits accessoires de la boucherie.

Abatage. — Dans les abattoirs de Paris, le merlin anglais est l'instrument que tous les bouchers emploient pour foudroyer le bœuf avec rapidité. Ce merlin comprend deux parties, une postérieure lourde, et une antérieure en forme de boulon, de la longueur de 12 centimètres environ, et qui entre dans le crâne à la manière d'un emporte-pièce.

Pour se servir de cet instrument, le bœuf est attaché par les cornes à un anneau fixé en terre, de manière à présenter à l'assommeur le crâne dans une position fixe. Un coup habilement dirigé fait tomber la bête sur le champ en faisant dans le front un trou de 15 millimètres de diamètre. On introduit aussitôt par cette ouverture un jonc flexible qui traverse le cerveau et va effriter la moelle sur une étendue de 75 centimètres environ.

Cette introduction a pour but principal d'annihiler tous les reflexes et permettre un prompt *habillage* en supprimant les réactions brusques des membres.

Une fois à terre, le bœuf est saigné en incisant le confluent des jugulaires et les carotides dans l'angle formé par leur bifurcation. C'est une faute pour l'ouvrier si la poitrine est ouverte et si le sang vient à se répandre dans la cavité thoracique. Il y a dès lors *écoffrage*, opération qui se traduit par un épanchement de sang coagulé sur les plèvres.

Au cours de la saignée, l'ouvrier prélève le thymus (ris) et un morceau du sterno-maxillaire. C'est son pot au feu.

Le bœuf donne de 20 à 25 litres de sang. Ce sont les sujets de races choletaise, nivernaise, auvergnate qui fournissent le plus de sang (Pagès et Michaut).

Le veau est égorgé sur un tréteau où il est attaché, une jambe de devant repliée en arrière. La peau, les muscles, les vaisseaux sanguins, l'œsophage, la trachée sont coupés transversalement jusqu'à l'atlas. La pointe du couteau sectionne en outre la moelle au niveau de l'atlas.

Les moutons sont saignés de la même manière sur un banc très long où ils sont couchés côte à côte sans être attachés. Le boucher passe, s'arrête devant chaque animal, donne un coup de couteau en travers du cou et renverse la tête ainsi décollée fortement en arrière pour rompre la moelle épinière. Ces temps d'opération sont très courts. Le mouton donne de 2 à 3 litres de sang.

Les Israélites sacrifient les bœufs par effusion de sang. Dans ce but, l'animal est attaché à terre, les jambes réunies en faisceau par une corde ou chaîne. Le sacrificateur, après s'être assuré, en le faisant glisser sur l'angle, que le tranchant de son coutelas est intact, pince la peau du cou fortement tiré dans l'extension et sectionne en deux coups seulement, l'aller et le retour, la peau, les muscles, les artères sans toucher aucunement aux vertèbres cervicales. Il s'assure ensuite, une fois l'animal ouvert, que la main introduite dans les cavités splanchniques ne rencontre aucune adhérence, ni sur les plèvres, ni sur le péritoine. Alors seulement l'animal est reçu et la viande peut être livrée à la consommation des juifs pratiquants.

Dans les abattoirs hippophagiques on place un masque en cuir sur les yeux du cheval et on le frappe d'une masse en fer qui écrase simplement le front. Tombé à terre, l'animal est saigné, puis soufflé. Il fournit de 20 à 25 litres de sang.

Le porc est assommé avec un maillet en bois. Un simple coup bien appliqué sur le front suffit pour le faire choir. Le porc est ensuite égorgé et brûlé à la paille, grillé comme on dit encore. Un porc de 100 kilos fournit 5 litres de sang.

Lorsque le bœuf est à peu près dépouillé, on lui passe dans les jarrets un morceau de bois rond (tinet) qui sert au moyen d'une corde et d'un treuil à le suspendre sur des solives ; le bœuf est alors dit sur les «*pentes* ». On enlève à ce moment les viscères et on finit de parer convenablement la viande afin de l'offrir sous un jour favorable à l'acheteur.

Soufflage des viandes

A) *Soufflage proprement dit.* — Le soufflage des viandes est une opération qui consiste à introduire de l'air dans le tissu cellulaire sous-cutané de l'animal que l'on vient d'abattre, afin de faciliter l'enlèvemet de sa peau, de gonfler ses tissus auxquels on donne par ce moyen une plus belle apparence.

Le commerce de la boucherie a de tout temps usé du soufflet, sous prétexte de faciliter le travail du dépouillement des animaux de boucherie. A une époque peu éloignée, tous les sujets indistinctement étaient soufflés : peu à peu on a abandonné cette pratique à l'égard des bœufs et des moutons, ne la conservant que pour les veaux dont la blancheur a besoin, dit-on, d'être relevée par un soufflage exagéré.

Depuis quelques mois, on a essayé aux abattoirs de Paris de mettre en vente des veaux non soufflés à l'instar des bœufs et des moutons. Le commerçant qui avait commencé ce système de travail a dû l'abandonner au plus tôt en présence des critiques des acheteurs. Les veaux ainsi traités, bien que de première qualité, avaient pris une teinte un peu terne sur toute la surface extérieure du corps, teinte qui contribuait à leur dépréciation pour l'exposition et la vente à l'étal.

C'est principalement sur les vaches étiques que l'on peut se rendre un compte exact des effets surprenants produits par le soufflage. Quand on a vu un animal sur pied atteint de maigreur extrême, autrement dit n'ayant que les os et la peau, et qu'on le voit ensuite, sur les *pentes*, dépouillé après avoir reçu une grande quantité de vent, on éprouve un réel étonnement, car il est devenu, à première vue, méconnaissable : le tissu cellulaire sous-cutané, boursouflé à l'excès, donne l'illusion de la graisse de couverture, les muscles atrophiés gonflés outre mesure, ont maintenant de l'épaisseur. Telle bête qui, sans être soufflée, aurait supporté difficilement la vue et à plus forte raison l'examen, flatte jusqu'à un certain point, une fois gonflée, l'œil de l'observateur. On voit néanmoins que la graisse, tant extérieurement qu'intérieurement, fait complètement défaut ou est réduite, dans le bassin, à quelques parcelles diffluentes et qu'à la pression exercée sur le tissu musculaire ce dernier est sans consistance et émacié.

Par ce simple exposé, il est facile de voir que les

effets du soufflage sont profonds et s'exercent en un mot dans tous les tissus : le tissu cellulaire distendu à l'excès résonne comme la peau d'un tambour (Bascou).

B) *Le soufflage dit « la musique »*. — Les animaux qui ne sont pas soufflés, si bien améliorés qu'ils soient, quel que soit leur état de graisse, ont des régions défectueuses que le boucher acheteur ne manque pas de signaler au vendeur dans le but de déprécier la marchandise et d'en faire baisser le prix. Pour obvier à ces critiques, le boucher en gros a introduit de l'air dans les parties laissant à désirer au point de vue de la conformation.

Le manuel opératoire de ce soufflage d'un nouveau genre est fort simple. Tantôt l'air est introduit directement, au moyen d'une canule, dans la cuisse, à travers le trou ovale, de manière à augmenter son volume, ou bien c'est dans les trains de côtes, les aloyaux que l'air est emprisonné, si les sujets ont ces régions trop en creux ; enfin, le garçon d'abattoir s'ingénie à faire de la bête qu'il va exposer en vente un animal à peu près parfait.

Ce soufflage est prohibé par une ordonnance de police sur les abattoirs de Paris (art. 15 et 16, 1er août 1907) sous le nom de « musique ». Il trompe non seulement l'acheteur, mais encore il devient cause, l'été, d'altérations putrides de la viande. L'air est en effet porté directement au centre des muscles par une plaie faite à une région, air impur qui occasionne souvent une corruption profonde des tissus pénétrés.

Issues.

Le bœuf laisse à l'abattoir la peau avec les cornes et une partie du crâne connue sous le nom de *canard*, le suif extrait des viscères abdominaux, le sang.

Tous les viscères constituent en terme de boucherie les issues qui se divisent en issues proprement dites, c'est-à-dire celles utilisées par l'industrie : ce sont la peau, la tête, les cornes, le sang, la dégraisse, les pieds, le contenu des organes digestifs, et en abats proprement dits ou cinquième quartier qui comprennent les têtes (veau et porc), les cervelles, les langues, poumons, cœurs, foies, rates, reins, pancréas (fagoue), ris, fraise, vessies, estomacs, intestins (gros et petits) mésentère, (ratis), épiploon, (crépine), mamelles (tétines), pieds (veau, moutons et porc).

On entend par viande nette les quatre quartiers nus, débarrassés en un mot des abats et des issues.

Produits accessoires de la boucherie de provenance des abattoirs de Paris.

Ces produits sont très importants ; je vais examiner les principaux.

I

Les cuirs de bœufs alimentent les fabriques de tanneurs et de corroyeurs. Ceux de veaux constituent dans le commerce le veau dit de Bordeaux. Les peaux de moutons, qu'elles soient fendues plusieurs fois dans leur épaisseur ou non, ont des multiples usages dont l'énumération serait trop longue ici.

Il suffit de citer la toison des moutons pour rappeler

aussitôt à l'esprit les divers usages auxquels elle est destinée.

La peau de cochon est souvent employée dans la mégisserie pour la confection de selles et de sacs de grand prix.

Les cornes et les sabots de bœufs sont dirigés vers les fabriques de peignes, boutons, tabletterie, coutellerie, baleines factices. On fait aussi avec eux de la poudre de corne, qui est un précieux engrais.

Avec les crins de la queue de bœuf on confectionne des coussins et des matelas ; les poils de l'intérieur des oreilles, ceux surtout de la race Schwitz, sont utilisés dans la fabrication de pinceaux fins.

Une fois le porc saigné, les soies, notamment celles du dos, sont arrachées et vendues aux fabriques de brosses. Ce travail est effectué dans nos abattoirs par des femmes, au moyen d'un crochet en fer semblable à l'accroche-bouton.

Les pieds de bœufs produisent de l'huile, de la colle, de la gélatine, du noir animal ; ils entrent dans la préparation des tripes à la mode de Caen. Les tendons fléchisseurs sont parfois mélangés au museau de bœuf, qui, on le sait, est constitué par le mufle, le menton et la peau des lèvres.

II

Le rectum de porc, une fois retourné, sert d'enveloppe au véritable saucisson de Lyon, d'Arles et au saucisson de foie gras. Le saucisson de Lyon de ménage n'exige comme protection que le colon du même animal dont l'aspect bosselé irrégulièrement est très caractéristique. En général, on peut dire que la bonne charcuterie est placée dans un boyau gras, colon ou rectum, témoin les saucisses de Lorraine à l'antique renommée.

L'intestin grêle de bœuf enrobe les cervelas. Le colon de bœuf recouvre le saucisson de Paris à l'ail ou sans ail.

L'intestin grêle de porc contient le boudin et la saucisse de Toulouse.

L'intestin grêle de mouton fournit les cordes harmoniques pour violon. Il sert aussi d'enveloppe aux petites saucisses dites *chipolatas*.

L'intestin et le mésantère de veau constituent *la fraise*, mets très gras assez recherché à la saison froide ; l'été, la fraise est transformée en andouillettes, qui jouissent d'une bonne réputation.

Dans l'intestin grêle du cheval on découpe, chose curieuse, des pétales pour certaines fleurs artificielles.

Depuis quelques années, on fabrique avec l'estomac, le gros colon et le petit colon de cheval des andouilles qui, sans être supérieures, sont bonnes. L'estomac du cheval est charnu ; le petit et le gros colon ont tous deux des bandes épaisses, charnues, qui donnent un certain corps à ses boyaux.

Le cæcum du bœuf recouvre la langue de bœuf fourrée. Il contient le saindoux et sert aussi à faire du parchemin.

Le cæcum, l'estomac et le colon de porc entrent dans la confection des andouilles. Le cæcum de mouton constitue la capote hygiénique un peu démodée et remplacée aujourd'hui par celle de caoutchouc.

Les tripes à la mode de Caen et le gras double ont pour base la panse de bœuf.

La panse de mouton, (le rumen et la caillette) est employée également dans la préparation des tripes d'inférieure qualité ou pour la mélanger à celle de bœuf.

Celle de veau est achetée par les charcutiers qui en font des andouilles excellentes. On la fait entrer aussi dans la composition du gras double, mais la plus grande partie est jetée au *nivet*. On entend par ce mot la réunion des déchets graisseux de toutes sortes provenant des abattoirs ou des étaux de boucherie. Le nivet est livré au fondeur de suif.

Tous les œsophages de bœuf sont recueillis précieusement. Leur tunique musculeuse est hachée et mélangée à la chair de cheval pour la fabrication de saucisson. Leur tunique interne, la muqueuse, une fois retournée comme un doigt de gant, sert d'enveloppe au saucisson de cheval de façon Arles.

La caillette de mouton et l'estomac de porc sont raclés intérieurement par les extracteurs de pepsine. Le résidu du raclage, qui n'est autre que la muqueuse stomacale, est enlevé le jour même à cause de son altération rapide.

La vessie de veau et de porc est recueillie pour l'emballage et l'exportation des graisses ; elle protège la mortadelle de Boulogne. Dans nos campagnes on en fait des blagues à tabac. Cousue en forme de fuseau elle enrobe certains saucissons lorrains de haute renommée.

L'épiploon de porc (crépine) recouvre les saucisses plates de la charcuterie. Celui de bœuf, de veau, de mouton est livré à la fonte ; il a nom *toilette*.

Le mésentère de nos animaux de boucherie est enlevé avec le suif sous le nom de *ratis*.

On a vu la verge de bœuf et de taureau, le *nerf*, servis, une fois séchée, à la confection de liens d'une puissance extrême, d'allonges pour accrocher les viandes à l'étal et de cannes rendues rigides par l'introduction d'une tige d'acier dans son intérieur. Desséchée à l'étuve — *horresco referens* — la chirurgie l'emploie comme dilatateur utérin en remplacement de la laminaire.

Le péricarde produit aux dires des fumeurs les meilleures blagues à tabac.

La vésicule biliaire est vendue pour le nettoyage des vêtements, et le dégraissage du linge dans les lavoirs.

Les pancréas (fagoues) ne sont pas consommés ; ils sont jetés avec d'autres déchets à la fonte. De celui du porc on extrait la pancréatine nécessaire au commerce.

III

La moelle épinière, la moelle des os long, les corps thyroides des moutons, les testicules de taureau, les capsules surrénales du veau et du bœuf, les ovaires de brebis, l'hypophyse sont enlevés depuis peu de nos abattoirs pour la préparation de certains liquides organiques qui, d'après l'école de Brow-Séquare, servent de traitement à la neurasthénie, à l'ataxie locomotrice, au myxœdème, à la maladie bronzée, etc.

IV

Le sang de nos animaux de boucherie est recueilli dans des plats en zinc. Caillé il est transporté dans une usine où l'on en extrait par égouttage le sérum, puis l'albumine, deux produits dont les usages sont tellement importants qu'il faudrait un chapitre spécial pour les passer en revue. Le résidu, ou mieux le caillot, est rendu imputrescible au moyen d'acides et utilisé, une fois séché, comme engrais d'une grande valeur. Celui du cheval est défibriné à l'abattoir même, puis décanté ensuite pour en extraire le sérum.

Le sang de porc est destiné à la fabrication de boudin. Aux approches de la Noël il est mélangé au sang de bœuf afin de pouvoir donner à tous les demandeurs le mets traditionnnel de fin d'année. Les buveuses de sang disparaissent chaque jour de nos abattoirs. Elles préfèrent s'adresser à la viande crue hachée de cheval.

Autrefois, il était dans l'habitude de faire prendre des bains de tripes aux gens dont un membre était affaibli, paralysé même. Une boutonnière était pratiquée dans une panse de bœuf retirée chaude de la cavité abdominale et le membre malade y était introduit subissant là une température de 34 degrés environ.

En Italie, à Rome, les bains de tripes, dit E. Pion, sont toujours en grand honneur. Un établissement en marbre, la *tripéria*, baptisé pompeusement du nom d'Institut Zoothermique, existe même dans l'abattoir de cette ville où les personnes malades viennent à volonté demander un soulagement à leurs membres endoloris.

V

La peau des fœtus de vache sert de toison aux chevaux de bois des enfants ; on en fait des pantoufles, des souliers, des gilets de chasse, des paletots fort appréciés. Celles des fœtus de moutons mérinos, quand la laine est poussée convenablement, produit l'astrakan. L'industrie teint alors la laine sans toucher à la peau qui reste blanche, et arrive ainsi à imiter la véritable fourrure.

Des têtes de bœufs (canards) et des têtes de moutons (caboches), on extrait de la gélatine, du noir animal, de la colle forte. La tête de mouton, avant d'être livrée à l'équarisseur, a été débarrassée de la cervelle et de la langue, y compris les muscles des joues.

La laine des pieds de moutons, qui tombe à terre lors du grattage à l'ateliér d'échaudage, est transformée en feutre grossier. Enfin, les raclures provenant des têtes et pieds de veau, des pieds de moutons une fois échaudés, les poils et ergots sont de précieux engrais.

Quant aux viandes saisies par le service sanitaire, une partie est conduite au muséum d'histoire naturelle pour la nourriture des fauves; l'autre, la plus considérable, est livrée, après dénaturation par un liquide infectant, l'huile lourde de goudron de gaz, à l'équarisseur qui la transforme en produits connus : graisses, huiles, savons, glycérine, engrais.

On peut donc dire aisément que dans nos abattoirs l'économie est véritable et que rien ne se perd.

CHAPITRE VIII

Des vaches en état de gestation, fraîches vêlées, en lait, au point de vue de la boucherie.

A quel moment précis de la gestation la viande de vache peut-elle être refusée de l'alimentation ? En période lactée une règle s'impose-t-elle également qui doit limiter l'envoi de la vache à l'abattoir ? Enfin, devons-nous considérer comme une disqualification ou même comme un motif de refus les vaches sacrifiées dans les jours qui suivent la mise bas ?

Dans le mémoire sur la réglementation des motifs de saisies du Dr Moreau, rapporteur près la commission du ministère de l'agriculture de 1909, il n'est pas fait mention de ces cas spéciaux (1).

Ch. Morot de Troyes, dans son rapport au Congrès d'hygiène et de démographie (Bruxelles, 1903), (2) ne

(1) Commission chargée d'élaborer un projet de règlement d'administration publique pour l'application de la loi du 1er août 1905 aux denrées alimentaires telles que les viandes dans les cas où les règles tracées par le décret du 31 juillet 1906 ne peuvent être suivies.

(2) Hygiène. 2e section. Quelles sont les maladies des animaux de boucherie qui rendent leurs viandes impropres à l'alimentation ? Parmi ces viandes quelles sont celles qui peuvent être consommées après avoir été stérilisées ? Quelles sont les viandes qui doivent être absolument détruites.

parle pas de la conduite de l'inspecteur en présence des vaches pleines envoyées à l'abattoir.

En Allemagne le décret du 30 mai 1902, art. 33, 40, concernant l'exécution de la loi du 3 juin 1900 sur les motifs de saisie des viandes est complètement muet sur ces questions.

M. Panisset a omis, lui aussi, dans son mémoire sur la généralisation de l'inspection des viandes et la réglementation des motifs des saisies au congrès vétérinaire de 1906, de parler de ces questions d'hygiène qui hantent aujourd'hui certains cerveaux bien intentionnés.

Au Congrès vétérinaire de 1900, Ch. Morot a, dans un rapport très étudié sur les viandes impropres à la consommation, relaté les divers règlements tant français qu'étrangers qui semblent indiquer une ligne de conduite sur l'état de gestation, comme sur la mise bas, l'avortement et la lactation des vaches destinées à la boucherie.

Dans une brochure déjà vieillie (1) j'ai effleuré légèrement cette question. Voici en quels termes je parle de l'utilité qu'il peut y avoir à déterminer à quel moment précis de la gestation la viande de vache peut être refusée de l'alimentation :

« J'avoue que jusqu'ici je n'ai pas eu besoin de résoudre ce problème et, si certains ne me pressaient de donner une solution à la question posée, j'aurais toujours continué à faire comme par le passé, c'est-à-dire à recevoir à l'abattoir les vaches pleines au même titre que les autres.

« Aujourd'hui je pense encore qu'il n'y a pas lieu d'agir différemment et qu'aucune difficulté n'existe à laisser

(1) Villain, *Les Viandes insalubres*, Asselin.

entrer dans la consommation la viande des vaches sacrifiées à toutes les périodes de la gestation.

« Je vais plus loin et je reconnais que tous recommandent d'envoyer à la boucherie les vaches qui ne peuvent vêler, résultat de cas de dystocie ou celles dont les suites de la parturition ne vont pas à souhait. Et cependant la viande qu'elles fournissent à ce moment est loin d'être parfaite ! Qui peut plus peut moins, c'est la logique. Aussi ne voulons-nous rien changer à cette manière de faire. Nous nous contenterons simplement d'ordonner à l'égard des accidents de parturition la surveillance sévère accoutumée »

Tel est le *modus faciendi* adopté dans nos abattoirs. Il est conforme aux idées exprimées par nos maîtres qui déclarent qu'une inflammation traumatique localisée des voies génitales n'empêchent pas la consommation des animaux (MATHIS).

Si je passe rapidement en revue ce qu'on fait à l'étranger, en m'appuyant sur les documents de mon collègue Morot, je vois que pour l'état de gestation de la vache il y a ou interdiction absolue d'abattage sans indication de période ou refus avec des périodes déterminées.

C'est ainsi qu'à Trévise 1884, Venise, 1885, Angers, 1889, Duché de Cobourg, 1838, des règlements interdisent l'abatage des vaches pleines sans indication de période. D'autres arrêtés viennent ensuite qui prohibent la viande des vaches soit en état avancé, soit en seconde moitié de la gestation, soit encore à l'approche de la parturition.

Je cite Morot. Sont refusés les vaches en état de gestation d'un certain nombre de mois.

Au delà du 6e mois : Besançon, 1878, Dijon, 1884, Vienne (Isère), 1890, Rive de Gier, 1891, Gênes, 1894.

Au delà du 7e mois : Lisbonne, 1870, Porto, 1879, Coimbre, 1890, Castello-Branco, 1884.

A l'approche de la parturition, 48 heures avant la mise bas : Mâcon, 1897, le Havre, 1891.

Les femelles abattues à la dernière période de la gestation sont mises au sel à Saragosse, 1887. La vente à l'étal libre est imposée à la viande des vaches à la première période de plénitude en Haute-Autriche, 1856, et en état avancé de gestation en Wurtemberg, 1879 (1).

En France, *les lettres patentes* de 1782 sur les statuts de la boucherie spécifient « qu'on ne pourra tuer aucunes vaches, pleines ou non, laitières ou autres en état de porter et au-dessus de l'âge de 8 ans. » Cette défense, comme le dit avec juste raison Baillet, de Bordeaux, n'a été faite, ainsi que beaucoup d'autres prohibitions plus récentes, que pour empêcher un préjudice considérable à l'alimentation publique par la destruction d'une infinité de sujets qui fussent devenus dans l'avenir des animaux de consommation.

Ostertag, de Berlin, déclare que la gestation avancée ne rend point par elle-même la viande impropre à l'alimentation.

Baillet approuve l'abatage des vaches au 5e mois de la gestation, c'est-à-dire à une période qui a provoqué l'engraissement, mais il le blâme du 7e au 9e mois. On sait que pour calmer l'instinct génésique et favoriser l'engraissement on a l'habitude de conduire la vache au taureau, 4 à 5 mois avant son sacrifice. C'est pour cette raison que nous trouvons des veaux morts-nés en aussi grande quantité dans nos abattoirs parisiens.

Ch. Morot, interrogé par un vétérinaire Bulgare au

(1) Morot, Congrès vétérinaire de 1900, *Les Viandes impropres à l'alimentation.*

sujet de la livraison à la boucherie de vaches pleines, répondit que l'état de gestation ne suffisait pas à motiver l'interdiction absolue de la consommation de la viande des femelles pleines, mais qu'il fallait examiner ces animaux avec un soin tout particulier au point de vue bactériologique, chose souvent difficile dans les petits abattoirs de province.

Il est rare en effet qu'un cultivateur soucieux de ses intérêts se décide bénévolement à envoyer une vache pleine de 7 à 8 mois à l'abattoir. Il attendra, tout le monde le sait, la fin du terme de la gestation afin d'avoir et le jeune sujet et une femelle laitière. On ne trouvera donc pas dans les abattoirs de vaches en état de gestation très avancée si ce n'est celles malades.

A la suite d'une consultation, le professeur Mathis a, de son côté, examiné la chair des femelles pleines sous trois états différents. Ou bien, dit-il, l'animal est sain et il entre sans nulle difficulté dans la consommation, ou bien il est surmené, infecté et ces deux états deviennent justiciables de la saisie au même titre que tous autres cas de surmenage ou de septicémie. La société de médecine vétérinaire de Lyon a accepté ces conclusions qui sont aussi les nôtres.

II

Après la mise bas, la viande de vache doit-elle être refusée ? Cette question a déjà été résolue par l'affirmative si l'on considère comme probants les vieux édits des temps féodaux.

De nos jours, plusieurs réglements d'Italie, de Portugal, des Etats-Unis d'Amérique interdisent la viande des femelles sacrifiées dix jours après le part, d'autres un mois après.

Il est admis dans la pratique journalière qu'on n'ira jamais sacrifier une vache *fraîche vêlée*, qui est en pleine lactation, qui peut être vendue à un prix élevé, pour le plaisir de la voir transformée en viande et de recevoir en échange la moitié exactement de sa valeur. Si, par hasard, un cultivateur conduit à l'abattoir une vache de 600 francs à son 15e ou 20e jour de parturition c'est qu'il la sait malade, je dirai même irrémédiablement perdue. Dans ces conditions, l'inspection sanitaire se trouvera en présence de cas bien définis et très bien étudiés.

III

Quant aux vaches en état de lactation légère je ne trouve pas de textes précis réglementant la vente de leur viande. La plupart des vaches de nourrisseurs de Paris et des grandes villes sont, au moment où le lait commence à tomber sérieusement, engraissées pendant quelques temps pour être conduites ensuite à l'abattoir. C'est là, on le sait, la fin dernière de tous nos bovidés. Nous aurons donc à juger de nombreuses vaches dont les mamelles sont encore pourvues d'abondant lait, surtout si la dernière traite remonte à plus d'un jour. Ces vaches sont considérées par nous comme bonnes, voire même excellentes surtout si elles sont grasses, aussi ne faisons nous nulle difficulté pour les marquer et leur donner l'*exact*. Pagès dit que la secrétion lactée est plus épuisante au commencement qu'à la fin de la lactation et que les femelles maigrissent surtout pendant la phase colostrale, à l'époque où le lait est très animalisé.

Telles sont les explications, un peu longues peut être, que je crois devoir donner en réponse aux questions qui m'ont été soumises il y a quelques jours seulement.

CHAPITRE IX

La viande de bœuf envisagée au point de vue de ses qualités et de sa division en catégories.

Conférence faite aux médecins et aux vétérinaires militaires du gouvernement de Paris à l'abattoir de Vaugirard (1).

La viande de bœuf comporte trois qualités subdivisées chacune en trois autres. Trois catégories divisent en outre l'animal entier : elles sont basées sur la valeur différente des divers morceaux en principes succulents et surtout sur leur tendreté.

Le sexe forme encore des distinctions motivées. Les viandes tirées du bœuf, de la vache et du taureau n'ont pas la même qualité ; leurs prix sont différents. L'âge, la race, l'engraissement sont encore des facteurs dont il faut tenir compte dans l'appréciation de la viande des animaux de boucherie.

Si nous consultons la mercuriale officielle des prix de viandes vendues en gros ou en détail, l'écart du prix permet de voir l'importance qu'attache le consommateur des grandes villes aux qualités et surtout aux catégories de morceaux.

Dans la première catégorie d'un bœuf de première

(1) *Recueil de Médecine Vétérinaire* (15 décembre 1909).

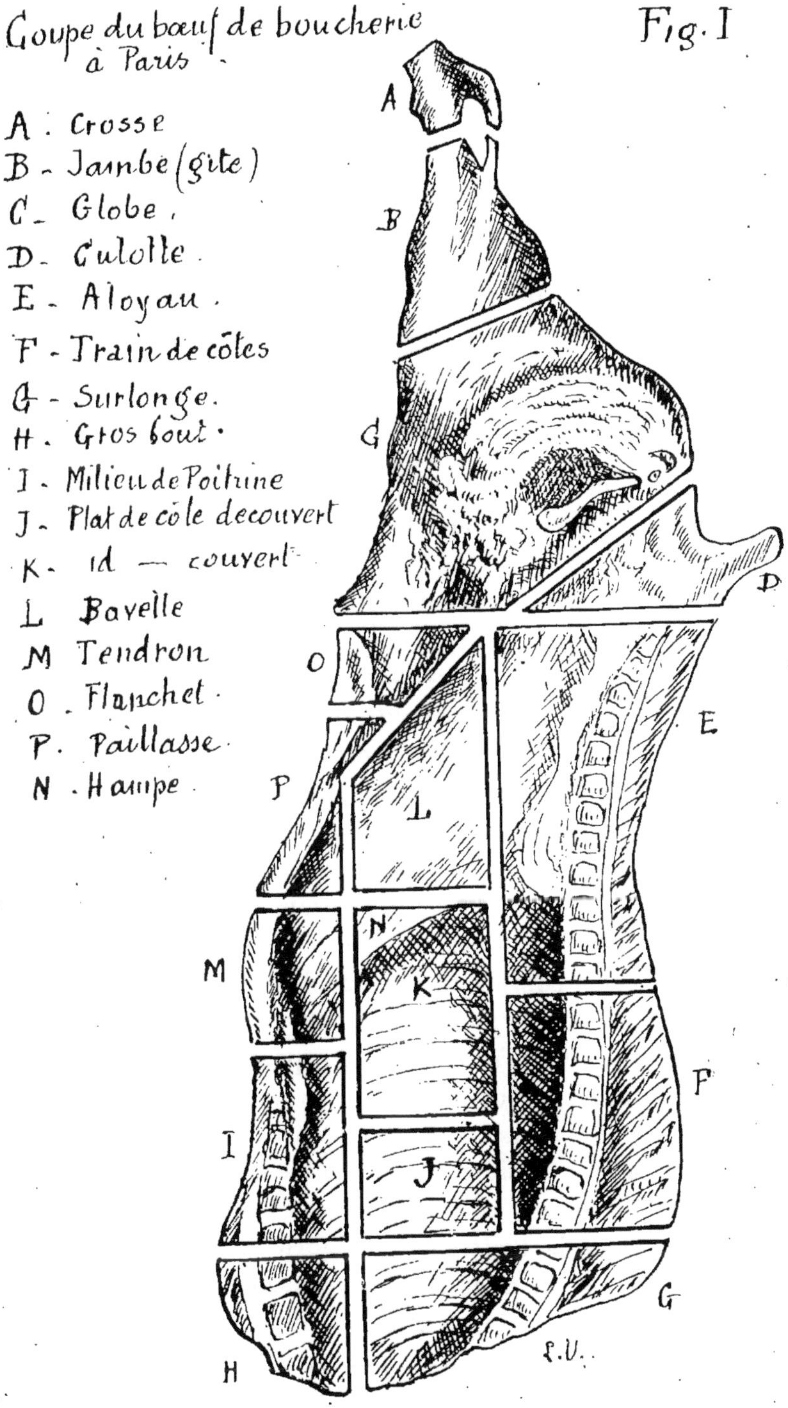

Coupe du bœuf de boucherie à Paris.

Fig. I

A : Crosse
B - Jambe (gîte)
C - Globe.
D - Culotte.
E - Aloyau.
F - Train de côtes
G - Surlonge.
H. Gros bout.
I. Milieu de Poitrine
J. Plat de côte découvert
K. id — couvert
L Bavette
M Tendron
O. Flanchet.
P. Paillasse.
N. Hampe.

FIG. 9

qualité, qui comprend la cuisse et les lombes, le boucher détaillant établit encore des nuances sensibles entre les pièces séparées, c'est-à-dire *le filet*, *le contre-filet*, *le rumsteck*, *les tranches*, *le gîte à la noix*, etc. Il est inutile, je crois, de prolonger cette énumération : disons tout de suite que le bœuf peut se débiter, depuis la tête jusqu'à la queue, en morceaux nombreux, de prix divers, de succulence et de tendreté différentes. Ces considérations admises, il est facile maintenant par le simple examen des denrées alimentaires d'une ville, surtout par celui de la viande, de juger du bien-être de certains quartiers. A Paris le fait est patent, il crève les yeux.

Trois catégories divisent donc le bœuf. Dans la première sont rangés les muscles des régions *fessières*, *ischio tibiales*, *sus et sous-lombaires* sous le nom de *culotte*, *tranche grasse*, *tende de tranche*, *gîte à la noix*, *rumsteck*, *filet* et *contrefilet*, *train de côtes*.

Ce sont les muscles les plus épais, les mieux infiltrés de graisse, contenant beaucoup de jus, les plus pauvres en intersections tendineuses, ceux qui servent ordinairement au rôtissage ; ils représentent environ 40 pour 100 du poids net (Fig. 9).

La deuxième comprend les muscles de l'épaule et de la région costale, le *paleron*, le *talon de collier*, *le plat de côtes*, *la bavette d'aloyau* ; elle représente à peu près 25 pour 100 du poids net. De nos jours, le train de côte est rangé dans la première catégorie ; c'est la pièce qui sert à débiter les entre-côtes, si prisées dans les grandes villes.

Enfin, dans la troisième catégorie sont placés les muscles du cou et de la tête, les muscles abdominaux, la partie inférieure des membres sous les noms de *collier*, *joues*, *poitrine*, *pis de bœuf*, *surlonge*, *gîtes de*

Fig IV.
Division de la cuisse
A. Tende de tranche face externe
B. Tranche grasse
C. Gite à la noix ou semelle.
condyle du fémur
A
Région crurale interne
verge
Symphyse pubienne
ischium
fémur
Demi membraneux
C
B
Triceps crural
Demi tendineux
Ganglion poplité
condyle du fémur

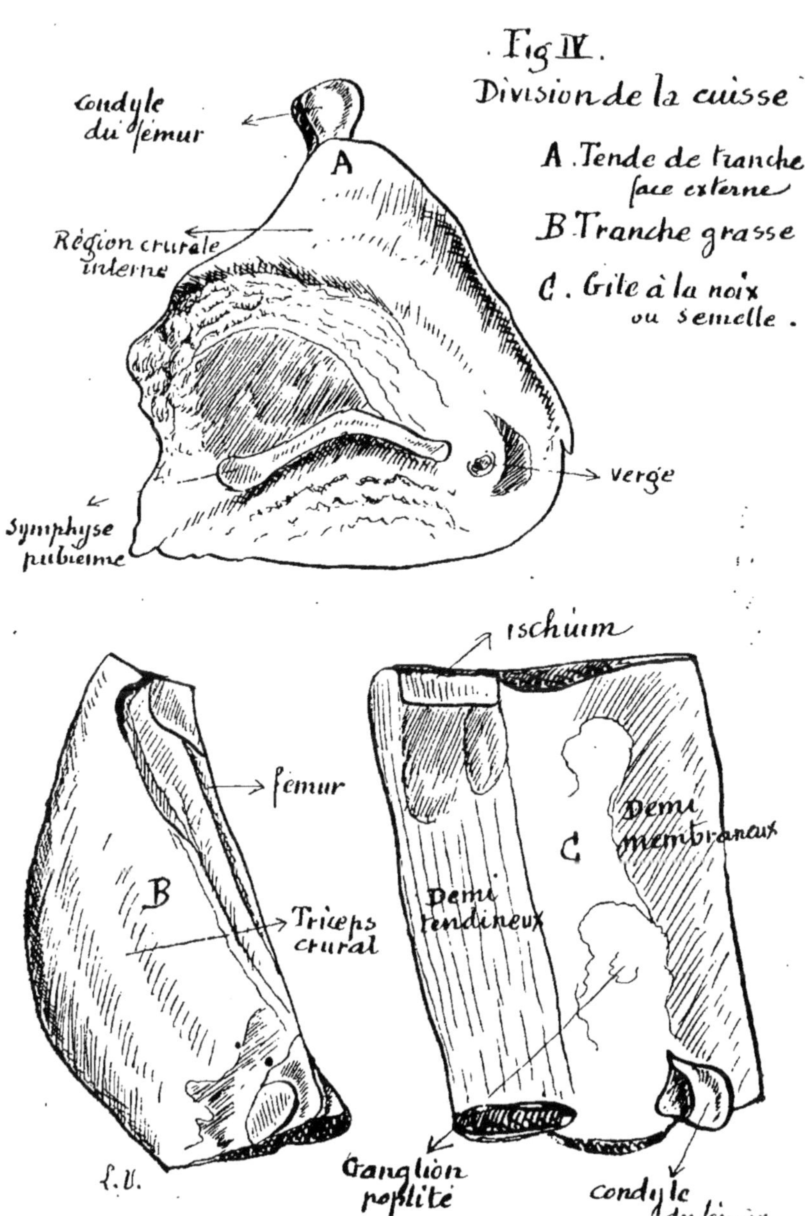

FIG. 10

devant et de derrière. Ces régions, formées en partie de plans aponérotiques ou d'extrémités tendineuses, constituent 30 pour 100 du poids net.

Cette classification est basée sur la tendreté de la viande ou le goût des morceaux au palais, car les analyses faites sur les viandes de bœuf, de veau, de mouton et de porc, en prenant les divers morceaux du même animal, ont démontré que la valeur marchande de certaines pièces de choix, comme le filet par exemple, n'était pas justifiée par leur richesse en principes nutritifs.

Il est bon d'ajouter que le travail de la mastication tout comme celui de la digestion doit emprunter un certain nombre de calories appauvrissant ainsi d'autant la valeur nutritive des aliments ingérés. Voilà pourquoi la viande tendre des régions de 1re catégorie nourrit mieux que la viande dure de la 3e catégorie.

La cuisse est divisée en sept morceaux principaux qui sont : *Le tende de tranche* ou région crurale interne formé des adducteurs de la cuisse. Le morceau se reconnaît à ce qu'il porte sur sa face externe la symphyse pubienne et l'un des condyles du fémur.

L'autre face possède à sa partie basse la tête du fémur dans sa cavité cotyloïde et une portion de l'ischium. Cette région peut être débitée presque en son entier en biftecks. Seule la portion externe est un peu plus dure (Fig. x.)

Le gîte à la noix ou semelle. — Ce morceau est dénommé semelle parce qu'il est plat, gîte à la noix en raison de la présence du ganglion poplité ou noix des bouchers. Il a un condyle du fémur à sa face interne et un morceau de l'ischium. Le gîte à la noix est utilisé en pot-au-feu ; il donne, une fois cuit à l'eau, des tranches maigres très appréciées sur certaines tables aisées ;

Tende de tranche
Face interne
Fig V
condyle du fémur.
adducteurs
de la cuisse
Ischium
art^{on} coxo-fémorale.

Fig VI.
Train de côtes couvertes
et découvertes.
granddorsal
L.V.

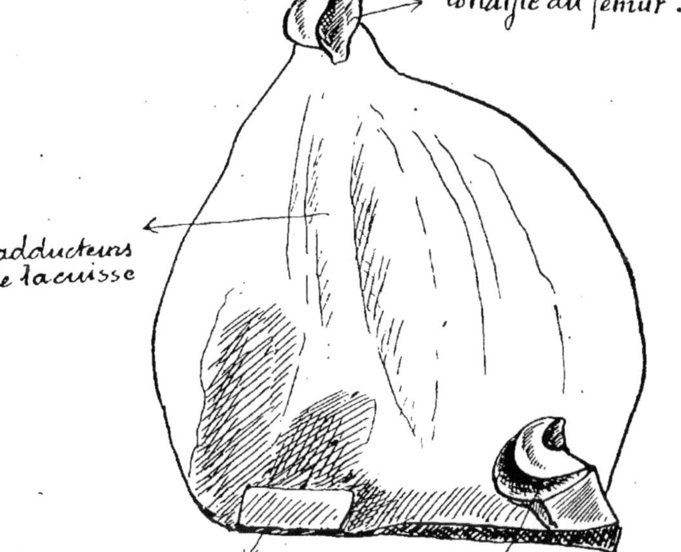

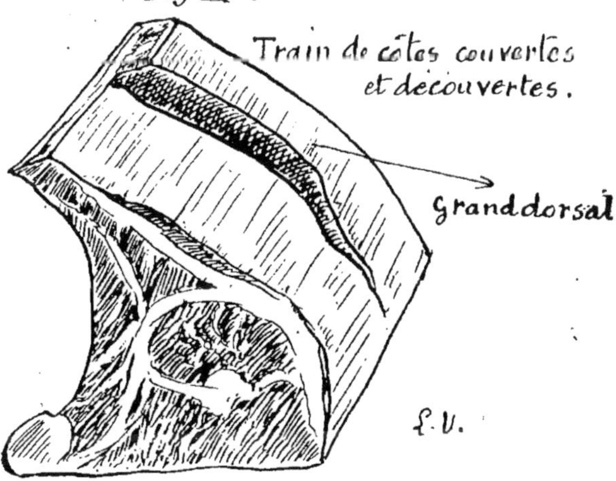

Fig. 11

La tranche grasse est le triceps crural tout entier. Facile à reconnaître par le fémur auquel elle adhère dans toute sa hauteur, cette pièce fait d'excellents biftecks. Il arrive même parfois que le droit antérieur est servi sous forme de biftecks de filet après sa division en deux parties suivant sa longueur, de manière à supprimer l'aponévrose médiane qui devient trop visible sur une coupe transversale.

La culotte est un morceau prismatique qui a pour base osseuse la région postérieure du sacrum, les vertèbres coccygiennes, une partie du col de l'ilium et de l'ischium, le sommet du grand trochanter. C'est une pièce qui fait d'excellents biftecks dans sa région avoisinant le rumsteck.

L'aloyau, la pièce principale du bœuf, le morceau de choix absolu, se coupe en arrière au milieu de la branche de l'ilium, en avant à deux ou trois côtes. C'est d'un côté le faux filet et de l'autre le filet ou psoas. En bas existe le rumsteck formé des fessiers. Cette région renommée sert uniquement au rôtissage.

A côté de l'aloyau et y attenant se voit l'aiguillette ; c'est l'expansion charnue du *facia lata*, morceau triangulaire, un peu prismatique formé de fibres longues donnant après un rôtissage bien compris une énorme quantité de jus rosé à la section.

Le *train de côtes* sert au débit d'entrecôtes si prisées dans les grandes villes, entrecôtes prélevées soit sous l'épaule, soit en arrière de paleron selon les désirs des gourmets. L'entrecôte découverte est supérieure à l'entrecôte dite couverte par le grand dorsal, le dessus de côte toujours un peu ferme sous la dent (Fig. xi).

L'épaule fait partie de la deuxième catégorie ; elle est coupée en morceaux pour le pot-au-feu. C'est d'abord la *macreuse* ou la masse des muscles olécraniens qui

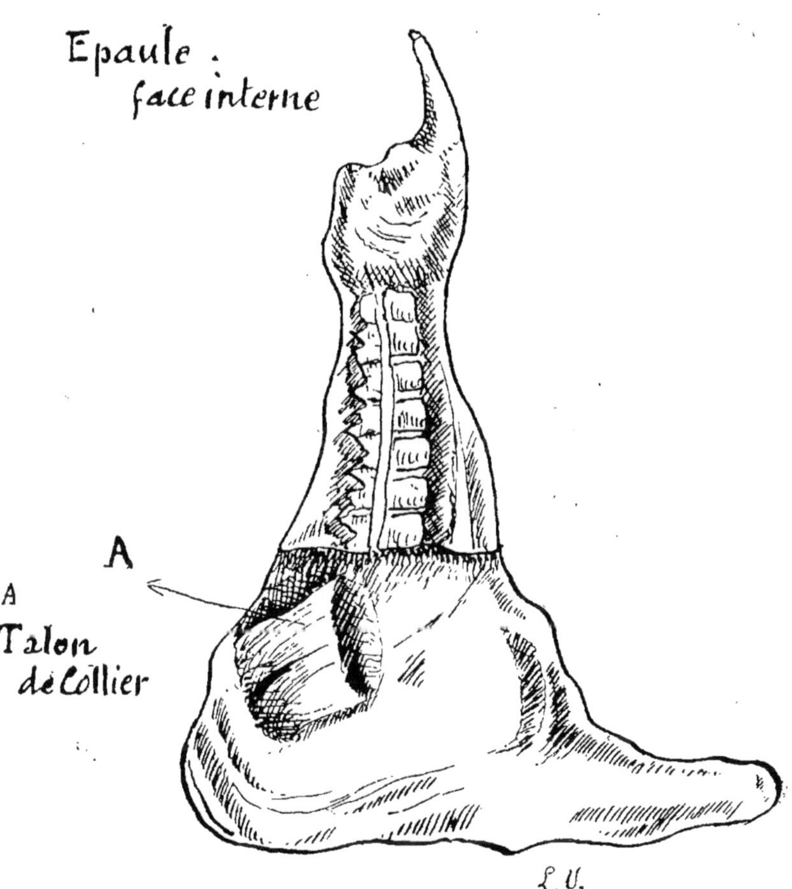

Fig. 12

remplit le triangle délimité par l'omoplate et l'humérus. C'est ensuite la *pointe de paleron* avec le cartilage de prolongement de l'omoplate, le *milieu de paleron*, le *talon de collier* constitué par l'attache du grand dentelé de l'épaule, morceau fort prisé, succulent, que les bouchers examinent tout spécialement dans l'achat d'un demi-bœuf (Fig. XII).

Figurent encore dans cette catégorie la *bavette d'aloyau* ou petit oblique de l'abdomen et le *plat de côte* ou le milieu des côtes dont on fait grand cas dans le pot-au-feu servi, le matin, aux commerçants habituels des Halles Centrales.

La troisième catégorie sera analysée plus loin, dans le cours de cette conférence.

II

Le cou, l'épaule et la poitrine renferment, disent les chimistes, plus d'azote que la culotte, le filet et le contre-filet. Ces morceaux de troisième catégorie contiennent moins d'eau que l'aloyau et l'entrecôte.

La proportion de matières grasses est plus considérable dans les morceaux de troisième catégorie que dans ceux de deuxième et de première.

Eu égard à la qualité de sels minéraux, l'épaule, le cou, les joues, l'entrecôte, contiennent d'avantage de ces sels que l'aloyau, la poitrine et les cuisses.

D'après Wagner, la richesse d'une viande en eau est représentée par les chiffres suivants :

	Agneau	Mouton	Bœuf	Porc
Viande non engraissée. .	62	68	»	56
Viande demi-engraissée .	»	50	51	»
Viande tout à fait grasse.	49	40	46	39
Viande grasse	»	33	»	»

Par conséquent, à mesure que l'engraissement fait des progrès, la richesse en eau de la chair diminue, et la substance sèche augmente, une partie de l'eau étant remplacée par de la graisse.

D'après Baillet, de Bordeaux, la proportion d'eau existant dans une viande maigre est de 76 à 77 pour 100, alors que dans la viande grasse elle varie de 50 à 70 pour 100 seulement (1).

Dans la viande d'un animal gras, le consommateur trouve environ 40 pour 100 en plus de substance animale sèche que dans la viande non dégraissée, et la différence peut même s'élever jusqu'à 60 pour 100, si les animaux sont très gras.

Voici, en outre, d'après les expériences de Brelin, sur 100 parties, la différence qu'il y a, au point de vue de la valeur nutritive, entre la viande de bœuf gras et celle de bœuf maigre.

	Bœuf gras	Bœuf maigre
Eau	37.97	59.68
Cendre	1.51	1.44
Graisse	23.87	8.07
Chair musculaire	36.65	30.81

Ces chiffres comparatifs corroborent ce que nous venons de dire ; ils établissent que, dans une viande fournie par un animal maigre, la proportion d'eau augmente tandis que la quantité de graisse diminue.

III

Les variations de l'irrigation sanguine modifient notablement la couleur de certains muscles et probablement aussi leur pouvoir nutritif.

Les muscles ont une couleur propre, rougeâtre, tenant

(1) Mémoire de la Société d'Hygiène de Bordeaux, 1885.

à l'émoglobine musculaire qu'ils contiennent. Or, pendant la contraction musculaire, il est prouvé que l'état de vacuité est complet, si le muscle est contracté à son maximum. Pendant le temps que dure cette contraction, le muscle vit aux dépens de sa propre hémoglobine.

Les muscles qui n'ont qu'une contraction d'une durée extrêmement courte, comme certains muscles de la cuisse du lapin, auront donc une couleur très pâle, précisément parce qu'ils renferment peu d'hémoglobine musculaire.

Sur le bœuf, la région crurale interne, le demi-tendineux, quelques fléchisseurs de la jambe ont les fibres moins colorées que celles des régions voisines. On voit également que l'ilio spinal du porc est très pâle et qu'il se délimite nettement sur une coupe transversale de la région lombaire.

L'âge influe notablement sur la valeur nutritive des viandes de boucherie. Les bœufs trop jeunes, sacrifiés à deux ans par exemple, donnent une viande *peu faite*, peu colorée ; à trois ans, la viande acquiert de la finesse, mais ce n'est guère qu'à l'âge de quatre ans que la fibre musculaire possède toute sa saveur.

A mesure que les animaux avancent en âge, la viande se pénètre davantage de graisse, tout en devenant plus ferme. Elle est enfin coriace, lorsqu'elle provient de vaches vieilles et épuisées, de bœufs usés par le travail, ou de taureaux trop âgés (1).

La viande devache a de tout temps été dépréciée dans l'alimentation. Exception est faite cependant à l'égard des génisses et des vaches très jeunes dont les chairs peuvent dans un engraissement parfait être classées en première qualité.

Certains cahiers inscrivent encore dans leurs clauses

(1) L. Villain, *La basse viande*, in Presse Médicale, septembre 1896.

le refus de la vache. Au concours des animaux gras, les femelles primées chaque année, bien que jeunes et engraissées supérieurement, sont achetées à des prix inférieurs et l'étiquette ou la médaille relatant leur sexe et leur valeur ne figure jamais à l'étalage du boucher acheteur. On ne veut pas dire qu'on vend de la vache et le public à son tour n'aime pas savoir qu'il mange de la vache. Et cependant on mange beaucoup de vaches en France. Dans la plupart des campagnes, dans les centres même d'élevage c'est la viande de vache, de *bête*, comme on dit, qui fait l'ornement de nos tables, le dimanche à l'heure de la soupe.

C'est aujourd'hui un bien fait prouvé que, si nous établissons la comparaison entre deux animaux de même âge, d'égale précocité, elle sera tout à l'avantage de la femelle dont la viande a le grain plus fin.

La réputation de mauvaise qualité que possède la viande de vache ne peut être admise qu'en présence de sujets maigres, émaciés et usés.

Le marché de Paris reçoit beaucoup de vaches, le quart des introductions totales en bœuf.

IV

La qualité de la viande de bœuf se juge bien, sur des morceaux isolés, à l'état de la graisse de couverture et à son épaisseur variable dans certaines régions. Cette graisse bonne à manger filtre à l'intérieur des muscles sur plusieurs races nourries à l'étable pour constituer le persillé aux fines arabesques très apprécié des amateurs. Les bœufs soumis au régime du pâturage ont une graisse répandue par îlots dans l'épaisseur de la viande, graisse d'aspect jaunâtre colorée par la chlorophile des plantes vertes. Les animaux engraissés à l'étable offrent au contraire une graisse un peu blanche, souvent rosée, d'un aspect tout particulier.

La graisse interne ou suif, dont l'abondance est surtout autour des reins, la graisse qui se fige le long des apophyses épineuses des vertèbres dorsales sur l'animal fendu en deux parties, serviront aussi dans la détermination des qualités.

En boucherie, on reconnaît comme bœuf supérieur le *Limousin* nourri à l'étable, le type pur, le *Périgourdin* : sa viande est la plus belle, la mieux persillée, la plus savoureuse et aussi la plus tendre ; elle prime toujours sur nos marchés. Celle du *Normand* vient ensuite pour laquelle nous trouvons des épithètes choisies concernant sa couleur, sa saveur et son jus, et enfin le *Nivernais* réputé pour sa parfaite conformation.

V

A certaines époques de l'année, aux approches des grandes fêtes, et même souvent sans motif, ces diverses catégories, très dissemblables comme on le voit, ont des prix très variables. Le plus souvent le public se porte d'un seul coup sur les premiers morceaux qu'il préfère et qu'il exige, malgré leur plus-value.

Le faux filet, qui contient beaucoup plus de suc que le filet, sert à notre époque à faire les nombreux biftecks que nos habitudes culinaires ont rendus obligatoires dans les grandes villes. Les ouvriers et les petits ménages, imitant en cela les classes plus aisées, ne font plus de nos jours le pot-au-feu que nos pères affectionnaient. On n'a plus le temps de se livrer à cette cuisine lente, on mange comme on vit, à la vapeur, en usant par dessus tout de biftecks, de côtelettes et de viandes rôties, aliments faciles à préparer sur l'heure, qu'on s'adresse au cheval ou aux autres animaux de boucherie. Cette généralisation de la viande rôtie a pénétré partout jusque dans les hôpitaux et même dans l'armée. Il n'est donc pas surprenant que la viande de cheval ordinairement très tendre obtienne actuellement une certaine faveur du public parisien.

Ce choix particulier de gigots, de rôtis, de biftecks et de côtelettes est souvent une cause du maintien de la cherté de la viande. Quand tout le monde achète à la fois dans les boucheries la première qualité, on doit bien penser que la troisième est donnée aussitôt en baisse. Elle devient alors sans valeur. En général, on peut dire que la boucherie de détail éprouve de sérieuses difficultés à débiter dans les villes les bas morceaux. Elle a beau chercher un écoulement dans la fabrication des conserves et des saucissons ou encore dans la cuisine des prisons, des restaurants populaires ou dans celle de l'armée, elle n'arrive pas à en tirer profit. Le champ où elle opère se rétrécit de plus en plus et la demande de cette catégorie reste toujours limitée. Cet état de chose ne fera que s'accentuer.

Pourquoi le refus de cette basse viande, pourquoi cet ostracisme ? Le motif en est simple : il tient à la nature des régions. Dans un *pis de bœuf*, autrefois l'apanage de l'armée, nous voyons que la partie antérieure, *le gros bout de poitrine*, est constitué par un tissu fibreux assez épais, au-dessus duquel il y a de la graisse, des muscles, des cartilages, des os. Vers le *milieu de poitrine* la région s'améliore : les muscles pectoraux sont plus épais, bien que trop enveloppésde graisse. Le morceau s'amincit plus loin pour prendre le nom de *paillasse* et de *flanchet*. Là, les muscles sont peu épais, séparés par la tunique abdominale, l'aponévrose du transverse, très épaisse et très résistante dans l'espèce bovine ; on y voit aussi les intersections tendineuses du grand droit de l'abdomen. Dans les animaux de gros poids, bien engraissés, toutes ces parties sont encore bonnes, à cause de leur état plus charnu, plus épais. Par contre, elles sont toujours trop grasses pour les jeunes gens qui ne veulent accepter aujourd'hui aucune parcelle de graisse sur leur assiette.

Ces faits établis, si je devais, dans une adjudication, recevoir en fourniture des *pis de bœuf*, j'aurais soin d'insérer dans les clauses de mon cahier que cette pièce sera d'un poids minimum de 18 à 20 kilos, défalcation faite, bien entendu, de la graisse de la région du grasset et fournie par des sujets donnant un rendement net de 350 kilogs au moins. J'aurais ainsi la certitude de pouvoir me tailler des portions encore assez présentables. Au contraire, si le *pis* provient d'une bête maigre, d'un poids léger, on se trouve en présence de plans aponévrotiques et de muscles d'une grande minceur, formant, une fois bouillis, l'antique *sous-pied* que j'ai moi-même connu. Pour remédier à cet état de choses, le commerçant fait alors des paillasses fourrées, c'est-à-dire qu'il glisse dans les plans musculaires décollés des morceaux non utilisés, les ptérygoïdiens internes et externes, d'autres morceaux des muscles du ventre, etc., le tout comprimé avec des poids pour obtenir une masse compacte d'une certaine épaisseur. C'est très réussi en tant que trafic, je le sais, mais c'est tout.

Le *collier* qu'on trouve également dans cette catégorie est maigre ; il donne un certain rendement chez les bons bœufs et chez les taureaux. La partie supérieure (veine maigre) est moins préférée que l'inférieure (veine grasse). La *salière* (atlas et axis) est totalement dépréciée. Le collier fournit en général des fibres longues, un peu dures, demandant un temps plus long de cuisson. C'est la

Fig. II.

Coupe de l'epaule . face externe .

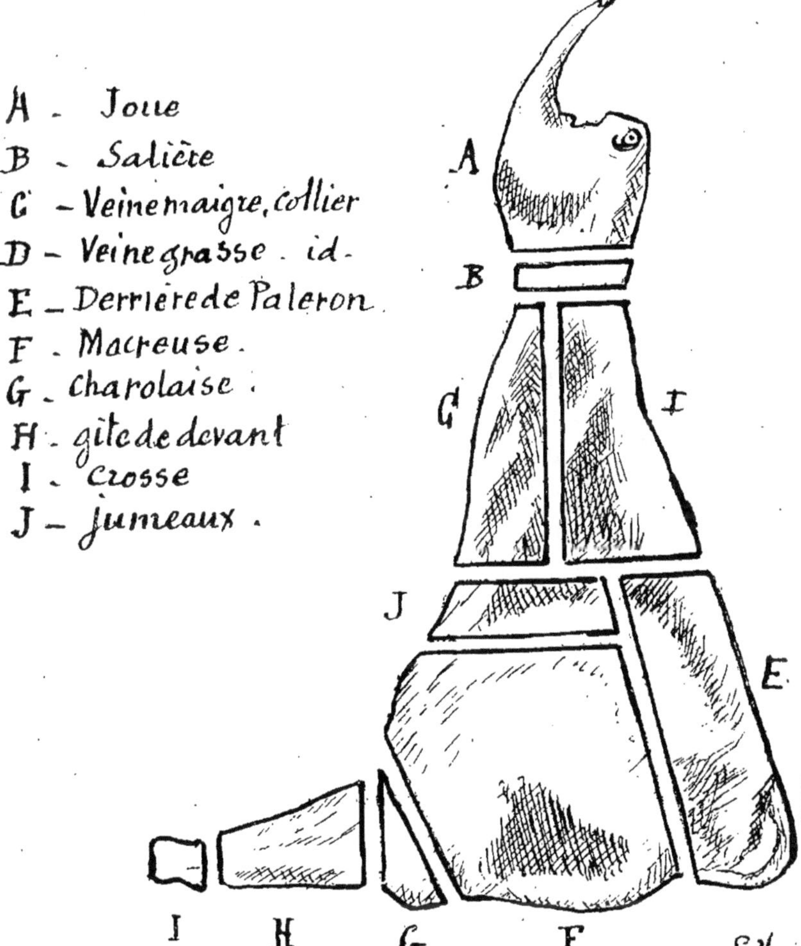

FIG. 13

région très prisée des fournisseurs de viandes, à cause de son prix modique. Les cuisiniers sont avec elle plus à leur aise dans la répartition des parts de bouilli aux pensionnaires qu'ils sont chargés de nourrir (Fig. xiii).

Les *gîtes* de devant et de derrière, qu'on coupe depuis l'olécrâne jusqu'au carpe dans le membre antérieur, et depuis la rotule jusqu'au jarret dans le membre postérieur, sont formés d'extrémités tendineuses, qui, une fois bouillies, deviennent un peu gélatineuses. Cette viande ne plaît pas à tout le monde. Les gîtes sont donnés comme appoint dans l'achat d'un morceau de bœuf, ils sont rarement vendus séparément. L'été, personne n'en veut ; l'hiver, ils sont livrés aux maisons bourgeoises pour l'obtention d'un pot-au-feu meilleur. Une fois cuits ils sont souvent abandonnés, inutilisés.

La *bavette d'aloyau* (petit oblique de l'abdomen et partie du facia lata) toujours très grasse, trouve des acquéreurs parmi certains restaurants. Une fois cuite à l'eau, cette pièce assez mince a doublé de volume ; elle peut servir alors à la taille de portions assez présentables ; néanmoins elle est délaissée de nos jours et va grossir le stok malheureux de la basse viande. On en faisait, il y a quelque temps, des biftecks à fibres longues donnant beaucoup de jus.

Tels sont, analysés succinctement, les morceaux que l'armée pouvait jadis s'offrir avec les prix inférieurs d'achat dont elle disposait. Tout est changé depuis quelques mois au grand dam de certains fournisseurs et pour le grand bien de nos soldats. L'armée reçoit à présent des morceaux des trois catégories provenant d'animaux bien engraissés ; elle est placée dans une situation sinon privilégiée du moins égale pour ne pas dire supérieure à celle de bien des ménages aisés. On ne peut que se féliciter de ce résultat.

VI

Dans la fourniture des prisons, le cahier des charges porte que la viande sera prise dans la basse catégorie, c'est-à-dire qu'elle se composera de *pis de bœuf et de colliers*, avec cette condition majeure que le rendement en viande cuite sera seule exigé. Cette combinaison fait que les adjudicataires sont contraints de donner des morceaux de viande provenant de sujets lourds, de très bonne qualité. Leur intérêt veut, en effet, qu'ils s'adressent pour réaliser ce programme à des bœufs ou à des taureaux *étoffés*, à de bons animaux réellement. Il leur faut pouvoir trouver, comme résultat final, des portions cuites dont le poids de chacune soit officiellement constaté à la balance.

VII

L'indication du poids minimum pour les bœufs ou vaches fournis en quartiers a une importance dont on ne se rend généralement pas compte. Elle est fort appréciée, cependant, par la majorité des cuisiniers de tous les grands établissements, écoles, collèges, lycées, qui arrivent très difficilement, avec un petit animal, au nombre portions à distribuer et surtout à présenter sous une belle apparence. C'est probablement pour cette raison qu'ils préfèrent que la fourniture soit faite en grande partie avec de la viande de taureau, ordinairement dépourvue de graisse. Les muscles de taureau éprouvent une moins grande déperdition de poids à la cuisson, et, comme ils sont très épais, ils permettent de présenter des tranches volumineuses qui font bien sur l'assiette, sinon sous la dent des pensionnaires.

Le taureau n'est plus ce qu'il était autrefois, et, sans

réhabiliter complètement son sexe, je dois reconnaître que, n'étant plus employé comme reproducteur jusqu'à un âge fort avancé, il est sacrifié de meilleure heure, à trois ans à peine, cependant qu'il donne une chair moins ferme et peu chargée de graisse.

Les lycées, les collèges, les pensionnats où des internes nombreux sont nourris. utilisent cette viande pour les raisons que je viens d'indiquer, mais en région meilleure, en 1re et 2e catégories. Partout enfin où l'adjudication vient en aide à des maisons d'éducation, l'intérêt est de fournir des viandes charnues, sans graisse provenant de sujets de gros poids, de jeunes taureaux notamment.

VIII

L'administration de l'Assistance publique de Paris, qui achète des animaux vivants destinés à l'alimentation de ses hospices et de ses maisons hospitalières, avait reconnu préalablement qu'il y avait avantage à prendre des bœufs assez lourds, aussi son cahier établissait-il un poids minimum de viande pour chaque race. Les animaux que cette administration achète sont sacrifiés, sous sa direction, dans l'abattoir de Vaugirard. Ils sont examinés, au point de vue de leur qualité, par une commission spéciale fonctionnant, sur appel, à des jours indéterminés. La basse viande de bœuf est depuis quelques années retirée en partie de la fourniture des hospices ; elle est vendue aux Halles Centrales. On ne conserve ainsi que les régions meilleures, celles qu'on apprête volontiers dans toutes les classes de la société.

Dans les grands restaurants dénommés bouillons dont la vogue est loin de s'éteindre, on mange d'excellentes viandes. Ces maisons achètent en général des animaux de première qualité, impeccables dans leur forme, au su et au vu du monde de la boucherie.

Les restaurants populaires qui foisonnent au Quartier Latin livrent aussi, à des prix modiques, des viandes de bonne qualité, rassises parfois, achetées chaque jour aux Halles Centrales où les occasions sont nombreuses, surtout lorsqu'on procède par gros achats. Le commerçant adroit trouve dans ce grand marché tout ce qu'il désire : bœuf, vache, taureau, en morceau de choix comme en pièces de catégories inférieures. Il bénéficie, point capital, d'une baisse importante qui peut exister à certains jours et à certaines heures sur toutes denrées alimentaires.

Je suis entré quelquefois dans ces restaurants et j'ai pu me convaincre que le bifteck ou la côtelette qu'on me présentait manquait peut-être un peu de poids mais était de bon goût et de qualité suffisamment bonne.

Chez les marchands de vins qui nourrissent les ouvriers attachés à des chantiers de constructions ou des cochers de voitures de place, on sert des viandes de 2e et 3e catégories, provenant ordinairement de bons animaux exposés chez le boucher voisin ; ce boucher est, comme beaucoup de ses confrères, heureux d'avoir une cuisine, un déboucher en un mot pour sa basse viande. Autrefois il cherchait une compagnie, un fort où il écoulait les bas morceaux de son étal, actuellement il ne le peut plus. La vente de cette catégorie continue à être pour lui d'une grande difficulté.

IX

Les viandes de boucherie peuvent être consommées aussitôt le sacrifice des animaux, chaudes en un mot. C'est un fait qui n'a jamais été contesté par personne et que les ouvriers des abattoirs mettent souvent en pratique, en mangeant des viandes pour ainsi dire presque vivantes.

Immédiatement après le sacrifice la viande est dite chaude, pantelante à cause des mouvements fibrillaires observés plus ou moins dans toutes les régions du corps, frémissements qui durent souvent plus d'une heure, surtout l'été ; elle est alors flasque. Elle reste dans cet état de mollesse pendant un certain temps et ne se raffermit bien que huit heures après la mort : elle perd de son poids (1). Cette limite dépassée, la rigidité diminue insensiblement puis la viande devient rassie en conservant une certaine fermeté si propice au commerce de détail.

La viande du jour, fraîche, dit-on, résiste plus à la dent que celle de vingt-quatre heures. C'est un fait connu de ceux qui, un jour de villégiature imprévue à la campagne, ont eu à manger à table un poulet ou un lapin qu'on a tué devant eux. C'est également un fait apprécié de toutes les ménagères qui ne manquent jamais d'acheter chez leur boucher un morceau de viande rassise pour le rôti et, au contraire, un morceau de fraîche tuerie pour le pôt-au-feu.

On ne s'entend guère aujourd'hui sur l'opportunité de consommer des viandes fraîches, ou bien des viandes rassises de plusieurs jours. On a bien raison de dire que des goûts et des couleurs on ne saurait discuter Néanmoins on peut résumer en peu de mots les données qui passent généralement pour certaines dans presque toutes les classes de la société.

Lorsqu'une viande est rassise, qu'elle a plusieurs jours de sacrifice, elle devient tendre à la mâche, d'une tendreté très grande, exagérée même si son séjour à l'étal

(1) Après 14 heures de sacrifice, un bœuf perd par évaporation 6 kilogrammes, un mouton 2 kos.

ou dans une chambre froide est prolongé au dela d'une semaine. C'est ainsi qu'à Vienne, en Autriche, on ne consomme que des viandes de bœuf provenant d'animaux ayant au moins douze et quinze jours de sacrifice.

A l'inspecteur général des services d'hygiène de cette capitale qui me faisait observer, un jour de visite aux Halles Centrales, qu'ayant pris ses repas dans les restaurants d'élite de Paris, il n'avait trouvé dans son assiette que des chairs fermes, je lui disais, en manière de consolation, qu'il avait eu aussi à déguster des viandes jutueuses et savoureuses dont il avait certainement pu apprécier les qualités différentes de celles de son pays. Cet hygiéniste reconnaissait le fait, en regrettant toutefois le bifteck national.

Certaines viandes restent dures quoi qu'on fasse, leurs fibres ont trop d'épaisseur, leurs grains constatés aux doigts trop de rugosités. C'est le propre des morceaux fournis par des taureaux, les travailleurs âgés, les vieilles femelles laitières ou les bœufs non améliorés et engraissés exclusivement avec des pulpes et des résidus de distillerie. Toutes nos viandes ne sont pas de même qualité, il s'en faut de beaucoup, aussi voit-on le boucher parisien marteler à l'étal, avec le plat du couperet, les biftecks qu'il soupçonne devoir être durs. Cette façon d'opérer a pour but de déchirer les fibres musculaires, les écraser en un mot et favoriser par ce stratagème la tendreté de la viande.

Pour quelques-uns c'est à la formation de l'acide lactique qui dissout lentement la chaux des fibres musculaires que les viandes rassises doivent être tendres ; pour d'autres cette tendreté est due à une maturation spéciale, analogue à celle qui s'opère au sein de la pâte à fromage dans les caves de conservation ; d'autres encore attribuent à l'acidité complète de la fibre ce phénomène musculaire.

Max Muller a montré que les modifications qui se passent dans la viande rassise et qui constituent la maturation, se produisent encore dans les chambres froides à la température de zéro. Ces processus améliorent la viande de boucherie, la rendent tendre et moelleuse et lui donnent une saveur acidulée agréable.

Est-il vrai que la viande fraîche non rassise puisse être préjudiciable à la santé ? Le fait est discutable (1). Les médecins déclarent avoir observé en campagne des manifestations dysentériques à la suite de l'ingestion de viande fraîche. Cependant, des expériences nombreuses ne viennent pas corroborer ces faits ; au contraire la viande fraîche, crue n'est pas plus difficile à digérer que la viande rassise. D'après les essais de digestion artificielle qui ont été faits, elle paraît même se dissoudre plus rapidement que l'autre dans les liquides digestifs.

Ces viandes ainsi rassises, ainsi attendries volontairement sont-elles meilleures et plus nourrissantes que d'autres ? C'est un problème dont je laisse la solution aux hygiénistes actuels. Quoi qu'il en soit, on aime en France la viande fraîche, dût-on parfois donner de la dent sur le rôti.

La cuisson influe notablement non seulement sur la sapidité des viandes mais encore sur leur tendreté. Avec un morceau de bœuf de choix on peut, si on le cuit mal, faire supposer que le fournisseur tient des viandes inférieures. Les viandes braisées ou en ragoûts, qu'on a souvent tort de délaisser, sont ordinairement tendres ; elles sont de plus très assimilables, leurs albuminoïdes

(1) Hladik de Vienne. La viande de bœuf récemment abattue est-elle hygiénique. *Zeitschrift für Hygiène*, 1906. V. 54. p. 130.

étant transformées en peptone, c'est-à-dire en une première digestion.

On dit *mouton bêlant* c'est-à-dire que la viande de mouton doit être mangée crue, et *bœuf saignant* pour bien marquer l'état dans lequel un bifteck doit être servi.

X

La proportion d'os relativement au poids de la viande est de 100 à 120 gr. d'os par livre (500 gr.) selon la conformation de l'animal.

Sur un collier de 20 k., il faut compter 125 gr. d'os par livre, soit 15 k. de viande et 5 k. d'os.

J'emprunte à mon ouvrage, le *Manuel de l'Inspecteur des viandes*, un travail fait par M. Tainturier sur un bœuf limousin, dans le but de démontrer la quantité d'os de tendons, de graisse et de viande existant dans la composition des quatre quartiers de viande nette. C'est en un mot reconstituer la structure de l'animal de boucherie.

1° Abatage

Sang	26 k.	
Cuir	62	
Suif	47	
Dégraissage du bœuf	12	
Poumons foie, rate	18	
Boyaux	7	500
4 pieds	10	
Estomacs	19	500
Tête ou canard	3	500
Cervelle, langue	5	800
Déchets	1	200
Vidange	78	
Total	290 k.	500
Poids de la viande	495	
	785 k.	500
Déperdition	14	500
Rendement	61	87 °/°

Bœuf ayant pesé vivant 800 k. race limousine.

2° Dépeçage

Un bœuf se coupe en 28 grosses pièces, savoir :

2 pis de bœuf du poids de	62 k.	600
2 plates côtes	23	
2 bavettes	18	
1 queue	1	950
1 onglet	1	950
2 hampes	2	240
2 surlonges	8	100
2 trains de côte	35	
2 aloyaux	59	400
2 cuisses	126	400
2 palerons	86	040
2 colliers	37	600
2 joues	12	300
2 rognons	1	500
2 rognons de graisse	14	
Poids du bœuf détaillé	490 k.	080
Poids du bœuf avant d'être coupé	495	
Après avoir été coupé	490	
Déperdition	4 k.	920

3° — Détail des différents produits composant les grosses pièces

PIÈCES	Poids	SUBDIVISIONS	Poids	Poids des Tendons aponévroses	Poids des os	Poids de la graisse	Poids de la viande	Déchets	Déperdition
Pis de bœuf.	62k600	Paillasse	33k700	4k500	3k000	8k000	17k700	0k500	»
		Gros bout. . . .	28.900	1.200	5 500	1.200	20.700	0 300	»
Plates côtes.	23.000	Plates côtes . . .	23.000	1.800	4 600	3.200	13 400	»	»
Bavettes.	18.000	Bavettes	18.000	1.240	0.600	4.000	12.160	»	»
Queue	1.950	Queue	1.950	0.400	0.750	0.200	0.600	»	»
Onglet	1.950	Onglet.	1.950	0.400	»	»	1 550	»	»
Hampes	2 240	Hampes	2.240	0 400	»	»	1.540	0 300	»
Surlonges	8.100	Surlonges. . . .	8.100	0 800	4 000	»	3.300	»	»
Trains de côtes . . .	35.000	Trains de côtes . .	35.000	3.500	7 000	3 000	20 600	0.400	1.000
		Filets	13 600	1 500	»	3 000	9 100	»	»
Aloyaux	59.400	Faux filets. . .	30.600	3.500	4 700	3 000	18 400	»	1 000
		Rumstecks. . . .	15 200	2.000	4 500	2.000	6 700	»	»
		Jambes.	21 900	5 300	7.600	»	9.000	»	»
		Tendes de tranche .	35.600	2 000	2 000	6 000	24.600	»	»
Cuisses	126.400	Tranches grasses. .	25.500	3.300	6.500	»	14 700	»	4 000
		Gites à la noix . .	30.800	0.800	0.400	0 800	26.800	»	»
		Culottes	12.600	1.600	1 400	4 000	5 600	»	»
	86.040	Talon de collier . .	10 440	0 500	»	1 000	8.940	»	»
		Pointe de paleron .	8 400	1.000	1.600	1 500	4 300	»	»
Palerons.	86.040	Jumeaux	13.700	1.000	1 000	2.500	9.200	»	2.000
		Gites	13.000	4 300	4.300	»	4 400	»	»
		Macreuses	40.500	4.000	5.500	4 600	24 400	»	»
Colliers	37 600	Colliers.	37.600	3.500	7 000	2 800	23 100	1 200	»
Joues.	12.300	Joues	12 300	0 600	7 900	0.400	2 400	1.000	»
Rognon	1 500	Rognon chair. .	1.500	0 150	»	0.150	1.200	»	»
Rognon de graisse .	14 000	Rognon graisse . .	14.000	» »	»	14.000	»	»	»
TOTAL. . .	490.080	TOTAUX. . .	490.080	48 790	79.850	65.350	284.390	3.700	8.000

Proportions dans lesquelles entrent les tendons, aponévroses, os, graisse et la viande dans la composition du bœuf limousin ayant donné 495 kilos de viande brute.

Pour 100 k. de viande brute, il y a :

	9 k.	856	tendons, aponévroses.
	16	131	os.
	13	202	graisse.
	57	452	viande.
	0	747	déchets
	2	610	déperdition
Différence d'opération.	0	002	
Total :	100	000	

Cette étude est certainement incomplète et il serait désirable qu'elle fût étendue à nos principales races, on aurait ainsi des données se rapportant à peu près à tous les cas.

CHAPITRE X

Le cheval de boucherie (1)

SOMMAIRE. — Historique. — Les propagateurs. — Etaux. — Ordonnances de police. — Utilisation de la viande de cheval. — Préjugés. — Clientèle des boucheries. — Qualités de la viande des solipèdes. - Caractères généraux de la viande de cheval. — Tendreté de la viande de cheval. — Rendement du cheval de boucherie. — Statistiques. — Les abats du cheval. — Saucissons. — Ane et mulet.

La viande de cheval est-elle aussi saine, aussi nourrissante et d'aussi bon goût que celle provenant de nos animaux de boucherie ? A en juger par l'engouement que Paris et sa banlieue professent à son égard, la réponse affirmative est certaine. Cependant, si on analyse froidement les faits qui se déroulent autour de nous, il est facile de voir que la faveur accordée à cette viande est toujours un peu superficielle, cachée quelquefois. Il ne peut en être autrement car cette viande sera de longtemps encore fournie, en majeure partie par des chevaux maigres, usés et par d'autres en bon état de graisse mais incapables de rendre un service actif quelconque. L'amélioration lente mais constante que nous observons sur le cheval de boucherie s'accentuera certainement de plus en plus, à la grande satisfaction du public dont l'aversion innée pour la viande chevaline disparaîtra peu à peu.

(1) L'Hygiène de la viande et du lait (10 avril 1908).

En remontant le cours de l'histoire de l'alimentation carnée, on voit que les peuples ont eu surtout recours à la viande de cheval aux époques difficiles de famine ou de siège. C'est ainsi que pendant les guerres de la République et de l'Empire nos soldats n'en ont pas connu d'autres et ils n'ont jamais eu, paraît-il, à regretter de l'avoir employée. Le même fait a eu lieu pendant le siège de Paris par les Allemands en 1870. Enfin, il est certain, comme tous les auteurs le relatent, que probablement de tout temps elle a figuré en cachette dans le régime alimentaire de la population indigène des grandes villes, où la consommation de la viande devient de plus en plus intense à mesure que le progrès, l'instruction et le bien-être augmentent dans les classes besogneuses. Ces diverses considérations ont engagé de nos jours les gouvernements de presque toute l'Europe à laisser la viande de cheval s'introduire librement dans le commerce de la boucherie.

L'expérience a fait justice, disions-nous dans notre *Manuel de l'Inspecteur des viandes*, des préjugés répandus contre la viande de cheval reconnue saine, bonne et nourrissante par tous les hygiénistes, médecins et vétérinaires. Les résultats étaient prévus par la nature des animaux qui sont herbivores et par la constitution de leurs muscles absolument semblable à celle des autres bêtes de boucherie. Si nous examinons les choses de près, nous pouvons dire que le cheval fait même un choix très minutieux de sa nourriture, car il refuse le plus souvent les fourrages moisis et avariés ainsi que l'eau sale et polluée.

Historique. — Les propagateurs. — Les premiers propagateurs de l'usage de la viande de cheval sont connus. Leurs figures au nombre de dix ornent, depuis quelques mois, les murs du nouvel abattoir hippophagique de Paris. On ne pouvait mieux faire. Ces dix médaillons sont ceux de Parmentier, Larrey, Geoffroy Saint-Hilaire, Huzard, Decroix, Renault, Leblanc (1), Goubeaux, de Quatrefages, Piètrement (2).

Parmentier a reconnu que la viande des chevaux abattus à Maulfaucon pouvait figurer avec honneur dans un étal de boucher. Il la trouvait appétissante et agréable au goût. « Tout porte à croire, dit l'éminent hygiéniste, qu'une portion considérable de cette viande choisie sert à Paris dans la nourriture de la classe indigente ; l'intérêt particulier, pour arriver à ce but, n'a pas même à lutter contre des préventions puisque cette viande est vendue aux consommateurs sous un faux nom ».

Les soupes au cheval distribuées par Larrey sont célèbres dans les annales militaires. L'illustre chirurgien a nourri de cette manière plus de six mille blessés renfermés dans l'île de Lobeau après la bataille d'Essling. Il a toujours recommandé l'usage de la viande de cheval dont il vante le bon goût et la valeur nutritive (3).

Un savant éminent, Isidore Geoffroy Saint-Hilaire, n'a pas craint de prendre à un certain moment la tête du mouvement propagandiste. On connaît ses remarquables *Lettres sur les substances alimentaires et particulièrement sur la viande de cheval* (4). Aucun ouvrage n'a plus contribué, suivant le mot de Valentin Dufour, « à doter les populations laborieuses d'un aliment sain, d'une nourriture substantielle, d'une ressource dans les mauvais jours (5). »

(1) Leblanc disait : Vieux bœuf, mauvaise viande : vieux cheval, bonne viande.

(2) *Les chevaux dans les temps préhistoriques et historiques.*

(3) Baron Larrey, *Campagnes et mémoires de chirurgie militaire.*

(4) Paris, Masson, 1856, in-12.

(5) Valentin Dufour, *Une question historique*, Paris, 1868.

M. le Dr Blatin, M. le Dr Robinet (1), M. Couturier (de Vienne), M. Renault (d'Alfort), le Dr Amédée Latour, M. Lavocat (de Toulouse), M. Goubeaux d'Alfort (2), M. Baillet (de Bordeaux (3), M. Bourquin, M. de Quatrefages et M. Munaret entrèrent en campagne avec l'ardeur que donne le talent.

MM. Vernois et Huzard, au Conseil d'hygiène et de salubrité de la Seine, secondèrent puissamment leurs efforts (Rapport en 1856).

Des banquets de viande de cheval furent organisés dès 1855 un peu partout par des zootechniciens avec la pensée de réunir autour d'une table servie en partie de viande chevaline, des médecins, des administrateurs, des magistrats, des militaires, des hommes éclairés de toutes les professions (4). Ces agapes sont célèbres : elles font partie du domaine de l'hippophagie.

Enfin, M. Decroix, l'apôtre infatigable dont la statue s'élève en belle place aux abattoirs de Paris, apporta à la propagande l'autorité de sa parole, son amour enthousiaste et désintéressé du bien public, en un mot la certitude du succès.

Aujourd'hui l'hippophagie a conquis définitivement ses droits de cité. La viande de cheval est vendue à Paris, dans les grands centres français et aussi dans les principales villes de l'Europe centrale (5).

Etaux. — Ordonnances de Police. — Si nous jetons un coup d'œil en arriere, on est surpris du chemin par-

(1) Dr Robinet, *Lettres sur l'hippophagie*, Paris, 1864, in-12.

(2) Goubeaux, Blatin, *Comité de propagande de la viande de cheval.*

(3) Baillet, *Traité de l'inspection des viandes de boucherie*, 2e édition, 1880.

(4) Congrès international de l'industrie chevaline en France, 1907.

(5) Morot, Des progrès de l'hippophagie en France et à l'étranger. Documents statistiques. *Bulletin agricole de 1891.*

Fig. 14. — Demi-cheval de première qualité.

couru depuis 1865, époque de la création de la première boucherie hippophagique à Paris et de la première ordonnance de Police sur la matière (1). Des étaux où se débite cette viande s'ouvrent partout. Dans tous les marchés, même les plus riches, il se vend à présent de la viande de cheval.

On compte actuellement 550 étaux de boucherie chevaline à Paris, dans la Seine et la Seine-et-Oise et environ 250 en France, soit un total de 800 boutiques.

Autrefois cette viande était livrée à des prix de bon marché surprenant, aujourd'hui le cours en est plus élevé. Un bon cheval se vend couramment 300 francs. J'en ai vu vendre jusqu'à 500 francs. Il est certain que les chevaux conduits aux abattoirs sont à présent de bien meilleure qualité. Au lieu de laisser dépérir les animaux en vue de leur livraison sans merci à l'équarrissage, on préfère les mieux nourrir et en tirer un profit plus grand, question primordiale qu'on retrouve partout à la base de tous les trafics commerciaux.

Utilisation de la viande de cheval. — Les médecins, il faut le reconnaître, ont été, depuis quelque temps, les grands propagateurs de l'usage de la viande chevaline à Paris. En ordonnant à leurs malades l'ingestion continue de viande crue de cheval, de préférence à celle de bœuf, d'un prix plus élevé, ils ont, sans le vouloir fait une merveilleuse réclame à l'hippophagie. Ils ont incité tous les pauvres, les déshérités, et même ceux des classes plus privilégiées à venir s'adresser aux muscles du cheval, d'un saine composition — dans le but de donner à leurs forces défaillantes un surcroît d'énergie.

(1) Ordonnance du 9 juin 1866. Ordonnance du 15 juin 1905. (Voir à la fin de l'article.)

Les médecins ont eu raison, à mon avis, d'agir ainsi, car il ne suffit pas de prescrire à un malade 500 grammes de suc musculaire, il faut encore que ce dernier ait les ressources suffisantes pour se les procurer. De plus la viande de cheval ne contient pas de cysticerques transmissibles à l'homme, nulle crainte de transmission par l'ingestion continue de chair crue, c'est un point qui mérite aussi considération (1).

L'Assistance Publique de Paris fait usage, tous les jours, dans les hôpitaux et hospices, de viande crue de cheval — 800 kilogs. — Sur les conseils des médecins, cette viande hachée est distribuée à différents malades comme médicament reconstituant. Ce fait est significatif.

Certaines maisons où se préparent les hémoglobines, les nucléines, les muscléines, les peptones, les extraits de viande, les poudres carnées emploient souvent la viande ou le sang de cheval pour la fabrication de ces produits fort à la mode.

Préjugés. — Clientèle des boucheries. — La viande de cheval est entrée à présent dans l'alimentation des grandes villes. Le préjugé qu'on avait contre elle a presque disparu. Néanmoins je dois reconnaître que chaque boucherie chevaline a une clientèle spéciale, toujours la même. C'est ainsi que sans citer aucun nom il m'est arrivé bien souvent de regarder, un matin vers 10 heures, un étal qui passe pour être un des meilleurs de la Capitale et d'admirer le nombre et la qualité des cuisinières qui venaient là, tous les jours, depuis de nombreuses années, acheter, à l'insu de leur maître sans doute, de la viande à rôtir. Les morceaux, je dois le reconnaître, étaient de première qualité, bien pré-

(1) Dr Bernheim, Conférence sur l'hippophagie.

parés, piqués et bardés comme dans les grandes boucheries de bœuf. Ces grandes cuisinières faisaient sauter l'anse du panier avec désinvolture, il est vrai, mais donnaient à la table qu'elles étaient chargées de ravitailler, des viandes tendres et bonnes sur lesquelles, j'en suis certain, aucun reproche n'a pu être formulé.

D'autres boucheries ont une clientèle de petits employés, d'ouvriers, de fonctionnaires modestes, voire même de femmes mariées qui, dès l'aube, vont vivement chercher des biftecks qu'elles font ensuite passer sur la table comme viande de bœuf, se constituant ainsi avec adresse un joli bénéfice en vue d'autres achats plus futiles et plus gais (1).

Qualité de la viande des solipèdes. — En boucherie, le commerce préfère les chevaux hongres et aussi les juments disqualifiant un peu les sujets entiers dont la viande est plus brune, plus compacte et plus ferme. Il estime surtout le cheval de couleur, il le paye plus cher que le blanc ou le gris claire à cause de la *mélanose* dont il peut être porteur.

Le mode d'alimentation auquel a été soumis le cheval dans les derniers temps de son existence influe beaucoup sur la qualité de la viande. J'ai constaté que, toutes choses étant égales d'ailleurs, c'est-à-dire l'âge, la race et l'état d'embonpoint étant les mêmes, la viande des chevaux qui ont mangé beaucoup d'avoine est toujours d'une coloration plus vermeille que celle des chevaux de petits cultivateurs nourris différemment. Leur graisse est aussi plus ferme, plus blanche, plus abondante, semblable à celle de bœuf, capable de tromper quelquefois bien des connaisseurs.

(1) L. Villain, *Le cheval, animal de boucherie.*

Les chevaux de boulangers et de chiffonniers qui consomment de grandes quantités de croûtes de pain ont une graisse très blanche.

Je dois faire remarquer ici que la graisse de cheval est ordinairement d'un jaune assez coloré sans consistance, fluide souvent chez les sujets très maigres.

FIG. 16. — Cheval-type de boucherie.

Ces colorations diverses de la graisse tiennent à l'alimentation pauvre en avoine avec prédominance herbacée. C'est un peu le même fait qui se produit sur les bœufs d'herbage d'été.

L'animal type de boucherie est le cheval de demi-sang ou le cheval de trait léger. Il a une ossature peu développée, la peau fine, des muscles saillants, toutes conditions avantageuses pour le rendement en viande nette. On trouve chez lui, au moment de l'engraissement, des chairs persillées comme celles de nos meilleurs bœufs d'hiver et une graisse assez blanche et ferme.

Les chevaux de boucherie qui alimentent nos abattoirs viennent surtout des régions de l'ouest. La Bretagne, les Deux-Sèvres, les Charentes en expédient de grandes quantités. Ils sont admis en chemin de fer au tarif réduit à la condition de porter sur l'encolure les lettres B. C. au feu (Boucherie chevaline).

Les villes de Dijon, Lyon, Saint-Etienne et Clermont recueillent les chevaux du sud-est et du midi pour nous les envoyer ensuite. Le nord et l'est n'en fournissent aucun.

Caractères généraux de la viande de cheval. — Le cheval comparé au bœuf présente, une fois abattu, un aspect particulier. Etant soufflée après la mort, sa surface extérieure reste légèrement emphysémateuse. Elle a des sillons nombreux, réguliers tracés à la pointe de couteau à l'instar de ceux rencontrés sur le veau qui, lui aussi, subit le soufflage intense si nécessaire à l'accroissement de sa blancheur. On dit alors dans le commerce de la boucherie que le cheval est *travaillé* en veau. C'est un caractère empirique, grossier, mais qui frappe de suite la vue d'un observateur attentif, même sur un morceau isolé de faible épaisseur.

La graisse de couverture est le plus souvent jaunâtre, de consistance huileuse, nullement comparable à celle de bœuf. La panne, car le cheval a, comme le porc, un dépôt graisseux, énorme parfois sous le péritoine, la panne, dis-je, est également de peu de fermeté fondant presque sous les doigts qui la touchent.

Sur l'animal fendu en deux parties égales, le plat de la cuisse se montre d'une forme différente de celui du bœuf. Tandis que celui-ci laisse à nu les adducteurs de la cuisse ayant une forme semi-lunaire au-dessus de la symphyse pubienne, celui du cheval au contraire, quelle que soit l'habileté de l'ouvrier, est toujours masqué par une aponévrose.

La symphyse des solipèdes est droite non arquée, différant totalement de celle des bovidés.

La fesse du cheval est énorme, rebondie ; aussi le rumsteck qu'elle fournit est-il le double d'épaisseur de celui du bœuf. En général, on peut dire que les régions de première catégorie sont sur un animal en chair bien plus développées que celles de bœuf. Ce sont des considérations que le commerce sait apprécier, on le comprend, surtout par ces temps où l'hippophagie joue un rôle important dans les grands centres.

Je laisse de côté les caractères anatomiques visant les côtes, les reins, le sternum ; ils sont connus et étudiés.

Le muscle n'a, il faut l'avouer, nulle couleur distinctive. Il est foncé sur les chevaux entiers, les sujets de sang, et devient parfois très clair dans des conditions difficiles à déterminer. Le persillé existe dans l'engraissement parfait (Lesbre et Panisset).

Un bifteck de cheval présente, au bout d'un certain temps d'exposition à l'air, une coloration rouillée, terre de Sienne qu'on retrouve rarement sur la fibre du bœuf.

Il est tendre, aussi se laisse-t-il traverser facilement par le pouce et l'index faisant office de pince. Le grain de viande est fin. On le sent à peine en passant la pulpe des doigts sur une coupe fraîchement faite.

Son odeur est peu distinctive.

Cependant tout le monde déclare qu'il est facile en passant les yeux fermés dans une rue de Paris de savoir qu'on se trouve devant un étal hippophagique. La viande de cheval n'a pas certainement le même fumet que la viande de bœuf.

Chevaux maigres. — L'inspection des chevaux maigres a été de tous temps la pierre d'achoppement de notre service. Sous le prétexte fallacieux que seuls les animaux maigres peuvent aller à la fabrique des saucissons, les bouchers en gros de Paris ont toujours récriminé contre la saisie de chevaux d'extrême maigreur.

A Paris, lorsque je suis appelé comme expert, je cherche un critérium non trompeur, toujours le même, qui peut être consulté avec profit et par le commerce et par l'inspecteur, un point type marquant bien la limite du droit de chacun, c'est-à-dire l'état de graisse, la moelle pour les profanes.

Lorsque cette graisse est nulle, qu'elle est remplacée par une gelée fluide, soit aux apophyses épineuses des vertèbres dorsales, soit au coussinet de l'œil, soit encore aux sillons du cœur, je refuse le cheval comme atteint de maigreur extrême, de consomption véritable.

Sur les chevaux entiers, je suis plus tolérant quant à la graisse, sachant souvent que ces animaux même avec des muscles abondants et colorés sont parfois presque sans *moelle.*

Tendreté de la viande de cheval. — Dans les grandes villes les biftecks sont souvent fournis par des taureaux, des vaches âgées ou des bœufs travailleurs mal préparés pour la boucherie, aussi sont-ils durs sous la dent malgré l'habileté de la cuisinière. C'est alors qu'apparaît, à un certain point de vue, la supériorité de la viande de cheval qui, elle, pour un prix modique, donne, quel que soit l'âge du sujet, une satisfaction réelle au consommateur non prévenu.

Le muscle de cheval est tendre non seulement dans les régions de première catégorie, mais encore dans presque toutes celles de la deuxième. C'est pour ces motifs que les habitués des étaux de boucherie chevaline sont fidèles ; ils ne veulent sous aucun prétexte retourner à la viande de bœuf de troisième qualité, celle qui foisonne à Paris sur les marchés de nos quartiers populeux, ni, surtout, recourir à la troisième catégorie telle que collier, pis de bœuf, gîtes de jambes constitués en partie par des tendons et des plans aponévrotiques très durs et coriaces.

Les ouvriers et les petits ménages, imitant en cela les classes plus aisées, ne font plus de nos jours le pot-au-feu que nos pères affectionnaient. On n'a plus le temps du reste de se livrer à cette cuisine lente, on mange, comme on vit, à la vapeur, en usant par-dessus tout de biftecks, de côtelettes et de viandes rôties, aliments faciles à préparer sur l'heure, qu'on s'adresse au cheval ou autres animaux ds boucherie. Cette généralisation de la viande rôtie a pénétré partout jusque dans les hôpitaux et même dans l'armée. Il n'est donc pas surprenant que la viande de cheval obtienne actuellement une certaine faveur du public parisien.

Rendement du cheval de boucherie. — Le cheval donne en viande nette un rendement supérieur à celui du bœuf : 45 p. 100 chez les chevaux maigres et 62 à 70 p. 100 sur les gras. Le mulet et l'âne fournissent des rendements plus faibles. La proportion d'os chez le cheval est variable, 28 p. 100.

Un cheval du poids vif de 500 kilogs, comme celui des omnibus de Paris, peut, s'il est en bon état, donner 60 p. 100 de rendement. Tablons sur cette probabilité : 500 kilogrammes à 60 p. 100=300 kilogrammes de viande. On a l'habitude de déduire de 15 à 20 kilogrammes du poids total pour le jeûne, si on opère par achat du poids vif constaté *ipso facto*. On a ainsi 480 kilogrammes à 60 p. 100 = 288 kilogrammes de viande à 0,75 centimes le kilogramme = 216 francs. Si au contraire on achète au poids vif on établit le prix par le calcul suivant :

500 kilogrammes — 20 = 480 kilogrammes à 0 fr. 45 = 216 francs.

L'abat entier est estimé 6 francs. Le cuir est vendu actuellement de 20 à 25 francs.

L'abat comprend : cervelle, 0 fr. 65 ; poumons, 0,40 ; rognons, 0,50 ; langue, 0,75 ; foie, 2,00 ; rate, 0,20 ; cœur, 1,50.

Le boucher en gros a pour lui les crins, 1 fr. ; les tripes, 0,40 ; le sang, 0,30.

Cette année, à l'occasion de l'inauguration du nouveau marché aux chevaux de Paris, un concours de chevaux où figuraient bon nombre de sujets de boucherie nous a permis de faire quelques constatations intéressantes concernant le rendement en viande nette des chevaux, mulets et ânes engraissés à point. Nous donnons ces chiffres tels qu'ils ont été relevés par les vétérinaires sanitaires de service à l'abattoir hippophagique de Brancion.

Animaux de gros trait :

Cheval	H. noir	pesant 693 kg.	sur pied rend	350 kg.	soit 56.1	p. 100
—	H. percheron	— 687	—	430	62.6	—
—	J. noire	— 720	—	450	62.5	—
—	J. bai brun	— 740	—	450	60.9	—

Animaux de trait léger :

J. bai brun pesant 612 kg. sur pied rend 411 kg. soit 67.1 p. 100

Cet animal a été vendu 600 francs.

Cheval	H. noir	pesant	440 kg.	sur pied rend	280 kg.	soit	63.6	p. 100
—	H. blanc	—	510	—	325	—	63.7	—
—	H. alezan	—	590	—	380	—	64.4	—
—	H. noir	—	595	—	380	—	63 8	—
—	H. aubère	—	585	—	380	—	64.9	—
—	—	—	550	—	350	—	63.6	—
—	H. bai	—	500	—	300	—	60	—
—	H. aubère	—	581	—	380	—	65.4	—
Mulet	H. bai	—	581	—	290	—	55.7	—
—	—	—	518	—	290	—	56	—
Anesse	grise	—	210	—	155	—	73.8	—
—	—	—	150	—	85	—	56.6	—
—	—	—	165	—	92	—	55.7	—
Ane	hongre	—	225	—	131	—	58.2	—
—	—	—	160	—	93	—	58.1	—
—	—	—	279	—	170	—	60	—

Statistiques. — En 1907, on a livré à la consommation du département de la Seine :

60.175	chevaux du poids moyen de	280	kilogrammes de viande nette.
1.141	ânes —	70	—
463	mulets —	210	—

En 1866, date de la reconnaissance de la viande de cheval, il n'a été sacrifié que 980 chevaux. Quel chemin parcouru à pas de géant depuis cette époque peu lointaine !

Les saisies se sont élevées à 3 p. 100.

Comme comparaison on a abattu en 1906, à Paris et dans le département de la Seine :

280.133 bovidés adultes.
293.754 veaux.
2.050.899 moutons.
458.814 porcs.

Ne sont pas compris dans ce chiffre les 51 millions de kilogrammes de viandes foraines vendues aux Halles Centrales.

En Allemagne, on a abattu en 1905 : 147.737 solipèdes ; en 1906 : 147.424 ; en 1907 : 135.239 soit une diminution de plus de 10.000 têtes.

Comme comparaison, on a abattu, en 1907, dans l'empire allemand :

576.671	bœufs.
428.142	taureaux.
1.596.382	vaches.
938.936	jeunes bovidés.
4.374 842	veaux.
16.382.985	porcs.
2.186.113	moutons.
498.743	chèvres.
6.742	chiens.

L'inspection sanitaire de la viande de cheval est faite dans la région parisienne avec un soin minutieux, conformément aux deux ordonnances de police dont nous donnons plus loin les textes.

Les abats du cheval (1). — Soixante et un mille foies de cheval environ sortent chaque année des deux abat-hippophagiques, à destination de Paris et du département de la Seine Sur ce nombre, on peut dire que les trois quarts servent à l'alimentation des chiens de petite taille et des chats ; le reste va sur la table des pauvres gens qui en cuisent des tranches à l'instar des autres foies. Il en est ainsi du cœur du même animal toujours un peu dur, sclérosé parfois.

Le foie de cheval est vendu au détail, de 0 fr. 80 à 1 franc le kilogramme. Il pèse de 3 à 4 kilogrammes. Il est très bien prisé des ménagères qui, en l'écrasant par portions de 100 à 200 grammes, confectionnent à peu de frais, une pâtée que les animaux appètent très vo-

(1) H. Martel, Rapport sur les opérations du service vétérinaire sanitaire de Paris et du département de la Seine, 1906.

lontiers. Sa couleur toujours très foncée — qu'il provienne d'un jeune ou d'un vieil animal — l'a fait jusqu'à ce jour un peu délaisser de notre alimentation habituelle. Il est cependant plus tendre que celui de bœuf et n'a nulle odeur particulière. Ceux qui l'ont goûté une fois ne se font pas faute d'en manger de temps en temps un morçeau grillé ou piqué de lard.

Les *cervelles* de cheval vont presque toutes échouer chez les pâtissiers pour la confection de *timbales financières*, *tourtes* ou *vol au vent*, mets qui sont toujours très appréciés à Paris comme ailleurs, sur toutes les tables de la société. La cervelle de cheval est vendue 0 fr.90 la pièce. Elle est supérieure à celle de bœuf pour les fins gourmets. Avouons bien sincèrement qu'une fois cette cervelle dans l'assiette et coupée en morceaux il est difficile pour ne pas dire impossible de faire de distinction entre elle et celle du bœuf. Le crédit continu accordé à ce plat d'entrée d'une ordonnance presque officielle n'est donc point imaginaire.

Le *rognon* de cheval se vend 1 franc le kilogramme. Il est peu prisé des consommateurs à cause de son goût d'urine, surtout lorsqu'il provient d'un animal entier. Les chiens et les chats le refusent toujours. On prétend qu'il est servi dans quelques restaurants avec un assaisonnement relevé.

La *langue* se paye 0 fr. 60 le kilogramme. Elle se vend aux ménagères au même titre que celle de bœuf. On la fait cuire soit en pot-au-feu, soit en sauce piquante. Elle est très ferme, aussi demande-t-elle une cuisson très prolongée.

Les *poumons et la rate* ne sont vendus que pour les chats.

L'*estomac et le gros intestin* coupés en lanières font de bonnes andouilles.

Le *sang* est défibriné puis filtré à l'abattoir même, en vue d'usages industriels très nombreux.

La *graisse* de cheval une fois fondue et décantée, de manière à n'avoir que la partie fluide, sert, dans certaines maisons, à faire une sauce mayonnaise d'un goût exquis. Elle est surtout vendue pour la cuisson des pommes de terre frites à l'antique réputation.

Saucissons de cheval. — La viande de cheval maigre est utilisée dans la fabrication de saucissons variés ; on l'emploie soit seule, soit mélangée à celle de bœuf ou de porc. Le commerce dit couramment dans la pratique journalière, en parlant d'un cheval maigre, c'est un « saucisson » pour témoigner de son envoi à l'atelier de salaisons.

Les grandes maisons d'épicerie et de salaisons en gros livrent au commerce des saucissons fort bien préparés contre lesquels, il faut bien l'avouer, le préjugé n'existe nullement. On mange volontiers sur toutes les tables le saucisson de cheval dénommé pompeusement façon Arles ou Lorraine.

Mulet. Ane. — La chair de mulet et d'âne semble obtenir la préférence de la part du consommateur parisien. Nulle répulsion à son égard. Il est admis dans un certain milieu qu'on peut manger ouvertement de cette viande, c'est pourquoi dans tous les étaux de boucherie les belles étiquettes en cuivre apposées sur les quartiers de viande portent invariablement : *Viande d'âne et de mulet* et jamais celle de cheval.

La viande de l'âne surtout quand elle provient d'un sujet jeune, est justement estimée. Sa grande délicatesse était bien connue des Romains qui se faisaient gloire d'engraisser les ânons pour la table. Au XVIe siècle, il était d'usage en France de la servir avec apparat sur les tables les plus somptueuses.

Dans les principaux banquets organisés de nos jours en l'honneur de l'hippophagie, ces goûts gastronomiques se sont conservés ; il est en effet de bon ton d'offrir aux convives un jambon d'âne salé et fumé.

Ordonnance de Police du 9 juin 1866 concernant la vente de la viande de cheval pour l'alimentation.

Article premier. — Le débit de la viande de cheval comme denrée alimentaire est permis aux conditions prescrites par les articles ci-après :

Art. 2. — Les chevaux destinés à la consommation publique ne seront abattus que dans les tueries spécialement autorisées à cet effet, et situées sur la circonscription de la préfecture de police.

Art. 3. — Le transport, la vente et la mise en vente, pour l'alimentation de viande de cheval provenant des clos d'équarrissage ou de tueries autres que celles indiquées en l'article précédent, sont prohibées dans Paris et les communes rurales placées sous notre juridiction.

Art. 4 — Il ne pourra être procédé à l'abatage des chevaux destinés à la consommation qu'en présence d'un vétérinaire ou inspecteur commissionné à cet effet par le préfet de police.

Art. 5. — Les chevaux seront soumis à l'inspection du préposé mentionné à l'article ci-dessus, tant avant l'abatage qu'après le dépeçage des viandes. Les viscères seront livrés au même examen, afin de permettre une appréciation complète de l'état de santé de l'animal abattu.

Art. 6. — Les viandes ne pourront être enlevées de l'abattoir pour être portées à l'étal, qu'après avoir reçu l'estampille d'inspection du préposé, suivant le mode qui sera prescrit par l'administration.

ART. 7. — Pour faciliter les contre-vérifications qui pourront être faites pendant le transport des viandes ou après leur arrivée au lieu de débit, les animaux ne seront divisés que par moitiés ou par quartiers, et les pieds ne devront en être détachés qu'au moment du dépeçage à l'étal.

ART. 8. — Sont considérés comme impropres à l'alimentation : les chevaux morts naturellement ou abattus en état de fièvre par suite de blessures ; ceux qui sont atteints d'une maladie quelconque, de plaies purulentes, ou d'abcès, même au sabot.

Sont également exclus les chevaux dans un état d'extrême amaigrissement.

ART. 9. — Lorsque l'appréciation du préposé sera contestée, relativement à l'état de santé d'un cheval à abattre ou à la salubrité des viandes destinées à la vente, il sera procédé à une expertise contradictoire par l'un des artistes vétérinaires désignés comme experts par l'administration ; et si le rejet est confirmé, les frais de l'expertise resteront à la charge du propriétaire de la marchandise.

ART. 10. — Les chevaux et les viandes impropres à l'alimentation seront immédiatement, et aux frais de leur propriétaire, envoyés à l'établissement d'Aubervilliers.

ART. 11. — Les viandes ayant reçu l'estampille d'inspection seront transportées directement de l'abattoir à l'étal, dans des voitures closes, à moins que ces viandes soient enveloppées de manière à n'en laisser aucune partie à découvert.

ART. 12. — Les étaux affectés au débit de la viande de cheval seront indiqués au public par une enseigne en gros caractères annonçant leur spécialité.

ART. 13. — Le colportage de la viande de cheval est interdit. Défense est faite de vendre cette viande partout ailleurs que dans les établissements admis pour ce genre de commerce.

ART. 14. — Les restaurateurs et tous autres marchands de comestibles préparés, qui vendront de la viande de cheval cuit ou dénaturée sans en indiquer clairement l'espèce, ou qui la mélangeront frauduleusement avec d'autres viandes seront poursuivis correctionnellement par application de la loi du 27 mars 1851, suivant la nature du délit.

ART. 15. — Les contraventions aux dispositions qui précèdent seront constatées par des procès-verbaux ou rapports qui nous seront transmis à telles fins que de droit.

Ordonnance concernant l'abattoir hippophagique Brancion.

Paris, 15 juin 1905.

ARTICLE PREMIER. — Les solipèdes amenés à pied à l'abattoir hippophagique de la rue Brancion seront toujours conduits au pas et sans mauvais traitements.

Les animaux gravement blessés ou incapables de marcher seront transportés en voiture. Les plus grandes précautions seront prises pour leur éviter toute souffrance, soit pendant leur transport, soit au moment de leur descente de voiture.

ART. 2. — Les animaux introduits dans l'abattoir devront porter la marque de leur propriétaire ou la recevoir dès leur entrée dans l'établissement.

Les chevaux entiers seront séparés des juments dans les écuries.

ART. 3. — Tout animal de boucherie entrant à l'abattoir ne pourra sortir qu'à l'état de viande morte.

ART. 4. — Les animaux destinés à être abattus immédiatement seront seuls conduits aux échaudoirs et dans les cours de travail ; les autres resteront dans les écuries.

Il est interdit de laisser stationner les animaux en attente d'abatage dans les allées de service en dehors des écuries.

Des dispositions efficaces seront prises pour empêcher les sujets de s'échapper des échaudoirs au moment de l'abatage.

ART. 5. — Le contrôle du service vétérinaire sanitaire s'exercera de 5 heures du matin à 6 heures du soir. Le dimanche le service sera assuré jusqu'à 11 heures du matin.

En dehors des heures ci-dessus indiquées, ne pourront être

abattus que les animaux atteints de coliques, de fractures ou ayant subi un accident grave entraînant le *decubitus*.

Art. 6. — Aucun animal ne sera abattu dans les écuries.

Art. 7. — Les animaux seront soumis à l'inspection sanitaire tant avant l'abatage qu'après l'habillage complet. Les viscères seront livrés au même examen.

La peau, les poumons, cœur, reins, capsules surrénales, moelle épinière, cerveau, ainsi que la portion charnue du diaphragme (hampe) resteront adhérents aux quartiers jusqu'au moment de la visite du vétérinaire.

Il est interdit de soustraire d'une façon quelconque les animaux et les viandes à l'examen sanitaire.

Art. 8. — Les bouchers et leurs employés devront, sur l'invitation des vétérinaires inspecteurs, procéder à toutes les manipulations jugées nécessaires pour faciliter l'examen sanitaire et l'estampillage des viandes.

Art. 9. — Sont considérés comme impropres à la consommation les animaux morts naturellement ou abattus en état de fièvre et ceux qui atteints d'une maladie ayant eu un retentissement grave sur l'état général : tuberculose, morve, pneumonie, infection purulente, néoplasie, etc.

Sont également exclus les animaux dans un état d'extrême amaigrissement.

Art. 10. — Les réclamations en matière de saisies seront jugées sans frais par le vétérinaire délégué contrôleur du secteur ou par le chef du service qui nous donneront par écrit leur avis motivé.

A défaut d'une entente dans cette circonstance, la contre-expertise sera faite comme il est dit à l'article 23 de l'ordonnance susvisée du 22 décembre 1904, concernant l'inspection sanitaire des viandes foraines, savoir : par M. le professeur de pathologie des maladies contagieuses, de police sanitaire, d'inspection des viandes, de législation médicale et commerciale à l'école nationale vétérinaire d'Alfort et, à son défaut par M. le professeur de pathologie bovine, ovine et porcine, ou l'un des professeurs d'anatomie pathologie, de pathologique et de clinique de la même école.

Art. 11 — La viande impropre à la consommation sera saisie et dénaturée au frais du propriétaire, en présence du vétérinaire sanitaire ou de l'agent de police de service à l'abattoir.

Art. 12. — Les poulains mort-nés, une fois dépouillés, seront détruits à l'abattoir même. Défense est faite de les sortir sous quelque prétexte que ce soit.

Art. 13. — Les viandes reconnues bonnes pour la consommation ne pourront être enlevées de l'abattoir pour être transportées à l'étal qu'après avoir reçu l'estampille de l'inspection sanitaire.

Art. 14. — Pour faciliter les contre-vérifications qui pourront être faites, tant à la sortie de l'abattoir que pendant le transport ou même après leur arrivée à destination, les animaux ne seront divisés que par moitié ou par quartiers.

Art. 15. — Le transport des viandes et abats ne pourra s'effectuer de l'abattoir au lieu de vente ou de fabrication que dans des voitures disposées de façon à soustraire au public la vue du chargement.

Les autres articles visent les mesures de salubrité, d'ordre et de sécurité dans l'abattoir ; ces mesures sont communes à tous les établissements de cet ordre.

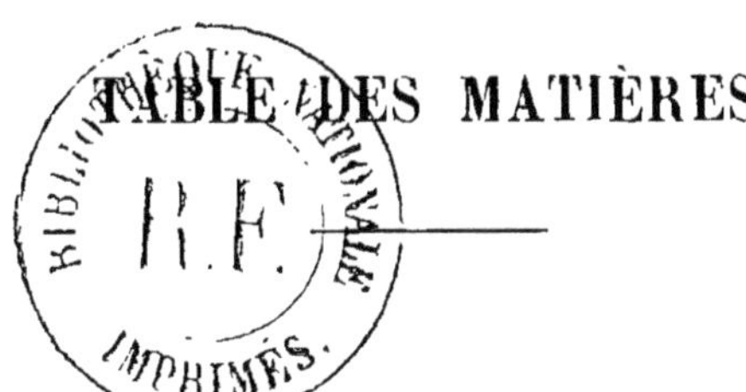

TABLE DES MATIÈRES

Vannes. — Imprimerie LAFOLYE Frères, 2, place des Lices.

Paris. — Imp. L. FOURNIER, 264, boulevard Saint-Germain.

www.ingramcontent.com/pod-product-compliance
Ingram Content Group UK Ltd.
Pitfield, Milton Keynes, MK11 3LW, UK
UKHW021058200726
13857UKWH00003B/989

9 782012 942660